中国地质大学(武汉)实验教学系列教材
中国地质大学(武汉)本科教学工程项目资助(项目编号:ZL201813)
中国地质大学(武汉)实验技术研究项目资助(项目编号:SJC-201803)
中国地质大学(武汉)研究生教育教学改革研究项目资助(项目编号:YJG2019205)
中国地质大学(武汉)研究生课程与精品教材建设项目资助(项目编号:YKC2019201)

地球信息科学与技术专业实验教程
——遥感分册

DIQIU XINXI KEXUE YU JISHU ZHUANYE SHIYAN JIAOCHENG
——YAOGAN FENCE

王 毅 喻 鑫 编著

图书在版编目(CIP)数据

地球信息科学与技术专业实验教程.遥感分册/王毅,喻鑫编著．—武汉:中国地质大学出版社,2020.6
中国地质大学(武汉)实验教学系列教材
ISBN 978-7-5625-4796-9

Ⅰ.①地…
Ⅱ.①王… ②喻…
Ⅲ.①地理信息系统-高等学校-教材 ②遥感技术-高等学校-教材
Ⅳ.①P208 ②TP7

中国版本图书馆 CIP 数据核字(2020)第 101233 号

地球信息科学与技术专业实验教程——遥感分册	王 毅 喻 鑫 编著
责任编辑:王 敏	责任校对:徐蕾蕾
出版发行:中国地质大学出版社(武汉市洪山区鲁磨路388号)	邮政编码:430074
电 话:(027)67883511 传 真:(027)67883580	E-mail:cbb@cug.edu.cn
经 销:全国新华书店	http://cugp.cug.edu.cn
开本:787毫米×1 092毫米 1/16	字数:276千字 印张:10.75
版次:2020年6月第1版	印次:2020年6月第1次印刷
印刷:武汉市籍缘印刷厂	印数:1—1 000册
ISBN 978-7-5625-4796-9	定价:40.00元

如有印装质量问题请与印刷厂联系调换

中国地质大学(武汉)实验教学系列教材

编委会名单

主　任：王　华

副主任：徐四平　周建伟

编委会成员：(按姓氏笔画排序)

文国军　公衍生　孙自永　孙文沛　朱红涛

毕克成　刘　芳　刘良辉　肖建忠　陈　刚

吴　柯　杨　喆　吴元保　张光勇　郝　亮

龚　健　童恒建　窦　斌　熊永华　潘　雄

选题策划：

毕克成　李国昌　张晓红　王凤林

前　言

遥感科学与技术是在测绘科学、空间科学、电子科学、地球科学、计算机科学以及学科交叉渗透、相互融合的基础上发展起来的一门新兴交叉学科。它利用非接触传感器来获取地物目标的时空信息,并通过对传感器获取的影像和非影像信息进行语义和非语义解译,提取客观世界中各种目标对象的几何与物理特征信息。随着相关技术的迅速发展,卫星遥感已形成了立体化、多层次、多角度、全方位和全天候对地观测技术体系,并逐步发展形成坚实的理论体系、灵活实用的数据接收和处理体系以及完整的组织结构体系。目前,遥感已在农业规划、防灾救灾、资源保护、军事侦察、气候变化、公共安全等诸多领域发挥着重要作用。

自中国地质大学(武汉)"地球信息科学与技术"专业开办以来,遥感类课程一直以来都是该专业的主干课程。在这些课程的教学过程中,遥感专业教学实习是地球信息科学与技术专业学生实践学习的一个必不可少的重要环节,也是学生转变为遥感技术应用者的一个关键过程。在专业建设初期,由于方向不明确,作为专业教学实习的重要组成部分,遥感教学实习的目的、要求、内容以及时间安排尚处于摸索阶段,它的实验教程也缺乏规范性和系统性,教学任务的考核也不正规。经过多年的发展,地球信息科学与技术专业对遥感类课程和专业教学实习不断进行优化和整合,去除了原来冗余的教学内容,增开了多门直接在实验室进行教学的专业实践课程,自主开发了遥感影像信息提取实验辅助教学软件平台。在此基础上,系统修订了遥感类课程专业实习的实习指导书。《地球信息科学与技术专业实验教程——遥感分册》是在系统总结多年教学和科研经验的基础上编写而成,该教材涵盖了地球信息科学与技术专业所有遥感教学实习内容,包括遥感图像基础处理、高分辨率遥感影像面向对象分析与理解、高光谱遥感数据获取、分析和处理等,旨在指导学生熟悉从遥感数据的获取到数据处理以及后期的分析应用整套流程,充分巩固课堂讲解的遥感原理和方法,提高理论知识水平和处理实际应用问题的能力,培养科研创新素质。

不同于其他遥感类课程教学实习指导书,本教材具有严谨的逻辑关系和章节顺序,通过案例式的实验任务来逐步熟悉遥感数据分析与处理的过程和实验步骤。同时,本教材还包含利用遥感专业仪器野外光谱仪进行数据获取和分析的教学内容,通过仪器操作来了解遥感数据采集和获取的基本流程。此外,本教材加入了自主开发的遥感影像信息提取实验辅助教学软件平台的详细介绍,通过算法设计来学习、探索和掌握遥感图像处理方法。本教材内容分为软件仪器操作和算法实践两大部分,从第二章开始,每章均为遥感教学实习的独立组成部分,并包含完整的实验目的、内容、数据文件、原理、步骤和任务。其中,第二章至第五章侧重于遥感影像完整的处理流程,第六章至第八章侧重于高分辨率和高光谱数据分析与处理,第九章至第十一章侧重于遥感影像分析与处理方法计算机编程实践。因此,本教材既可以单独作为遥感类相关课程的配套实习教程,也能够作为遥感专业教学实习指导书。主要内容安排如下:第一章包含遥感教学实习简况、本书特色和章节安排。第二章主要介绍遥感处理系统ENVI(The

Environment for Visualizing Images),熟悉 ENVI 的主要特性和基本功能,为后续各类遥感影像处理打下良好的基础。第三章主要介绍 ENVI 软件中遥感图像校正、配准、裁剪、镶嵌、融合等功能,熟练掌握遥感图像预处理的相关原理和操作流程。第四章主要介绍 ENVI 软件中多光谱遥感影像差值运算、比值运算、植被指数、主成分分析、缨帽变换(穗帽变换)、波段组合等功能,初步掌握多光谱遥感影像处理的相关原理和操作流程。第五章主要介绍 ENVI 软件中监督分类(最小距离法、最大似然法和支持向量机)、非监督分类(k-均值和 ISODATA 法)和分类后处理等功能,深入理解遥感影像分类的相关原理和熟悉操作流程。第六章主要介绍 ENVI 的扩展模块 Feature Extraction,初步理解面向对象图像分析的相关原理,熟练掌握它的操作流程。第七章主要介绍高光谱和光谱特征分析,深入理解光谱库、端元提取、高光谱影像分类和混合像元分解等相关原理,熟练掌握高光谱数据光谱分析的操作流程。第八章主要介绍野外光谱仪及光谱特征数据处理,熟练掌握野外光谱仪进行光谱数据采集、加工和后处理的操作流程。第九章主要介绍遥感影像信息提取实验辅助教学软件平台 RSDIPLib 及其基本功能,并结合实例讲解利用该平台进行算法实践开发的具体过程。第十章主要介绍利用 RSDIPLib 平台进行遥感图像增强处理的算法实践,包括遥感图像空间域增强、频率域增强等算法的基本思路、详细算法以及实验任务。第十一章主要介绍利用 RSDIPLib 平台进行遥感图像特征提取与分类的算法实践,包括彩色特征提取、主成分特征提取、k-均值非监督分类和 k-最近邻监督分类的基本思路、详细算法及实验任务。

本教材在编写时注重培养学生进行遥感技术应用的全面的实际操作能力,可作为地球信息科学与技术、遥感科学与技术、空间信息与数字技术、测绘工程、地球探测与信息技术和资源与环境等相关专业本科及研究生的遥感类课程的实验教材,也可作为相关专业工程技术人员的参考用书。读者能够理解遥感图像处理的基本流程,并能够掌握遥感图像处理软件的实际操作方法和相关方法的算法设计思想,实现从学习到应用的快速转化。本教材在实习内容安排与选取上和教学手段的运用上,均为初次尝试。热忱希望使用本教材的教师和同学多提宝贵意见和建议,以便今后进一步修改与完善。

本教材的出版得到了中国地质大学出版社的大力支持,在此表示衷心的感谢! 本教材在撰写过程中,得到了中国地质大学(武汉)实验技术研究项目(项目编号:SJC-201803)、中国地质大学(武汉)本科教学工程项目(项目编号:ZL201813)"地球信息科学与技术专业教学建设及改革"、中国地质大学(武汉)研究生教育教学改革研究项目(项目编号:YJG2019205)"新工科背景下遥感信息类课程创新改革与实践"和中国地质大学(武汉)研究生课程与精品教材建设项目(项目编号:YKC2019201)"高光谱遥感"等项目的联合资助,在此表示诚挚的谢意!

作者

2020 年 1 月

目 录

第一章 绪 论 ……………………………………………………………………（1）
一、地球信息科学与技术专业遥感教学实习简况 ……………………………（1）
二、主要特色 ……………………………………………………………………（1）
三、实验环境 ……………………………………………………………………（2）

第二章 ENVI软件功能介绍 ……………………………………………………（4）
一、实验目的 ……………………………………………………………………（4）
二、实验内容 ……………………………………………………………………（4）
三、实验数据文件 ………………………………………………………………（4）
四、ENVI软件概述 ……………………………………………………………（4）
五、ENVI的使用 ………………………………………………………………（5）
六、ENVI基本功能 ……………………………………………………………（9）
七、实验任务 ……………………………………………………………………（22）

第三章 遥感影像预处理 …………………………………………………………（23）
一、实验目的 ……………………………………………………………………（23）
二、实验内容 ……………………………………………………………………（23）
三、实验数据文件 ………………………………………………………………（23）
四、实验原理 ……………………………………………………………………（24）
五、实验步骤 ……………………………………………………………………（26）
六、实验任务 ……………………………………………………………………（41）

第四章 多光谱遥感图像处理 ……………………………………………………（42）
一、实验目的 ……………………………………………………………………（42）
二、实验内容 ……………………………………………………………………（42）
三、实验数据文件 ………………………………………………………………（42）
四、实验原理 ……………………………………………………………………（42）

五、实验步骤 …………………………………………………………………………………… (44)

　　六、实验任务 …………………………………………………………………………………… (49)

第五章　多光谱遥感影像分类 …………………………………………………………………… (50)

　　一、实验目的 …………………………………………………………………………………… (50)

　　二、实验内容 …………………………………………………………………………………… (50)

　　三、实验数据文件 ……………………………………………………………………………… (50)

　　四、实验原理 …………………………………………………………………………………… (50)

　　五、实验步骤 …………………………………………………………………………………… (51)

　　六、实验任务 …………………………………………………………………………………… (72)

第六章　面向对象图像特征提取 ………………………………………………………………… (73)

　　一、实验目的 …………………………………………………………………………………… (73)

　　二、实验内容 …………………………………………………………………………………… (73)

　　三、实验数据文件 ……………………………………………………………………………… (73)

　　四、实验原理 …………………………………………………………………………………… (73)

　　五、实验步骤 …………………………………………………………………………………… (74)

　　六、实验任务 …………………………………………………………………………………… (85)

第七章　高光谱遥感数据采集 …………………………………………………………………… (86)

　　一、实验目的 …………………………………………………………………………………… (86)

　　二、实验内容 …………………………………………………………………………………… (86)

　　三、实验原理 …………………………………………………………………………………… (86)

　　四、实验仪器相关介绍 ………………………………………………………………………… (87)

　　五、实验步骤 …………………………………………………………………………………… (89)

　　六、实验任务 …………………………………………………………………………………… (95)

第八章　高光谱及光谱分析技术 ………………………………………………………………… (96)

　　一、实验目的 …………………………………………………………………………………… (96)

　　二、实验内容 …………………………………………………………………………………… (96)

　　三、实验数据文件 ……………………………………………………………………………… (96)

　　四、实验原理 …………………………………………………………………………………… (96)

　　五、实验步骤 …………………………………………………………………………………… (97)

　　六、实验任务 …………………………………………………………………………………… (115)

第九章 用 RSDIPLib 实践遥感图像处理算法 …………………………… (116)

一、引　言 ………………………………………………………………… (116)

二、RSDIPLib 平台的设计与实现 ……………………………………… (117)

三、利用 RSDIPLib 平台搭建遥感图像处理应用程序的基本框架 …… (124)

四、算法实践实例 ………………………………………………………… (136)

第十章 遥感图像增强算法实践 ……………………………………… (141)

一、直方图匹配 …………………………………………………………… (141)

二、平滑处理 ……………………………………………………………… (144)

三、锐化处理 ……………………………………………………………… (146)

四、二维离散傅里叶变换 ………………………………………………… (147)

五、高通滤波处理 ………………………………………………………… (149)

六、图像条带去除 ………………………………………………………… (151)

第十一章 遥感图像特征提取与分类算法实践 ……………………… (153)

一、RGB-IHS 变换 ……………………………………………………… (153)

二、主成分变换 …………………………………………………………… (154)

三、k-均值 ………………………………………………………………… (157)

四、k-最近邻 ……………………………………………………………… (159)

主要参考文献 …………………………………………………………… (162)

第一章 绪 论

一、地球信息科学与技术专业遥感教学实习简况

地球信息科学与技术专业是近些年发展起来的以地球科学和信息科学为基础,涵盖遥感、地理信息系统技术和数字地球的新兴交叉学科,是固体地球科学的新生长点,也是一门应用基础理论解决实际问题的前沿科学。自我校"地球信息科学与技术"专业开办以来,遥感类课程一直以来都是该专业的主干课程。在遥感类课程本科教学过程中,它的专业教学实习是地球信息科学与技术专业学生学习的一个必不可少的重要环节,也是该专业学生转变为遥感技术应用者的一个关键过程。

随着遥感技术的广泛应用,遥感类课程教学实习的目标与要求也越来越高,编写一套适应于教学需要并适当兼顾研究参考的实验教程实有必要。自2003年以来,"地球信息科学与技术"专业借鉴国内外相关经验,在本科建设上走过了一条艰苦探索的道路,积累了丰富的经验,并形成了自己的专业特色。然而美中不足的是,始终未能出版一套完整和统一规范的实验教程。尽管遥感类课程教学实习经过了多次优化,但部分实习内容仍存在重叠或重复,且由于遥感处理系统软件版本更新迅速,经过多年修订的自编实习指导书在操作流程方面仍包含较多错误。此外,由于遥感类课程教学实习由不同的专业教师独立展开,因此,这些实习之间的联系和衔接关系难以体现。2018年,《中国地质大学(武汉)校长办公室关于做好2019版本科人才培养方案修订工作的通知》(地大校办发〔2018〕36号)文件中,明确提出"各专业应发挥课程建设在本科人才培养方案中的基础性与先导性作用,建设丰富高质量的课程资源及配套的教学资源"和"加强实践教学基地和教学资源建设,深化实践教学内容与方法改革,增强学生的实践创新能力"。为了尽早实现专业改革的目标,作者根据多年课堂教学和实践教学的经验,整合现有遥感类课程的教学资源和实习指导书,编写了《地球信息科学与技术专业实验教程——遥感分册》。本教材是对地球信息科学与技术专业多年遥感类课程教学实习的总结和凝练,不仅能够为本专业学生提供高质量的课程和教学内容,而且还能为地球信息科学与技术专业建设积累丰富经验。

二、主要特色

《地球信息科学与技术专业实验教程——遥感分册》涵盖了地球信息科学与技术专业所有遥感教学实习内容,深入浅出地介绍了光学遥感图像处理的所有环节:遥感图像基础处理、高分辨率遥感影像面向对象分析与理解、高光谱遥感数据获取、分析和处理等,旨在指导学生熟悉从遥感数据的获取到数据处理以及后期的分析应用整套流程,充分巩固课堂讲解的遥感原理和方法,提高理论知识水平和处理实际应用问题的能力,培养科研创新素质。

本教材从主题内容上分为两大部分：软件仪器操作和算法实践。其中，软件仪器操作包含两个内容：①利用遥感处理系统 ENVI 进行简单的问题分析和解决问题，如遥感影像预处理、多光谱影像处理、高分辨率影像特征提取与分割、高光谱影像及光谱分析等；②使用 FieldSpec 3 便携式光谱分析仪进行光谱采集和光谱特征数据后处理。算法实践主要介绍利用遥感影像信息提取实验辅助教学软件平台 RSDIPLib 进行遥感影像增强处理和分类的基本思路与实现过程。

除此之外，本教材和其他遥感类课程教学实习指导书还有以下不同之处。

（1）本教材具有严谨的逻辑关系和章节顺序，通过案例式的实验任务来逐步熟悉遥感数据分析与处理的过程和实验步骤。本书第二章至第五章构成了光学遥感图像处理的全过程，即围绕遥感应用任务——变化检测这一主题，通过完成相应的实验任务来掌握遥感技术应用的基本方法和过程；第六章通过面向对象影像分析的实验任务，使本科生初步熟悉高分辨率遥感的基本原理和方法；第七章和第八章构成了高光谱野外数据采集、分析与处理的全过程，使学生能够掌握高光谱遥感的基本原理和方法。

（2）除了遥感图像处理软件的全部实习内容外，本教材还包含了遥感专业仪器野外光谱仪的教学内容。在遥感领域中，为了研究各种不同地物或环境在野外自然条件下的可见和近红外波段反射光谱，需要使用野外测量的光谱仪器。本教材包含了 FieldSpec 3 便携式光谱分析仪的详细参数介绍、测定方法与工作规范、注意事项、光谱特征数据相关处理和实习任务等。通过本教材的学习，学生可以熟练操作野外地物光谱仪，切实掌握光谱仪的操作流程及保证仪器安全的主要措施，充分理解光谱特征数据的分析与处理相关原理。

（3）算法实践部分是软件仪器操作部分的延展和深化，强调通过实践动手和算法设计来学习、探索及掌握遥感图像处理方法。为此，作者利用 Visual C++编程语言自主开发了遥感影像信息提取实验辅助教学软件平台，学生能够在该平台下进行代码编写来完成实习任务。该辅助教学平台不仅使抽象的遥感理论和原理变得生动具体，而且促使学生加深理解遥感影像处理分析中的数据定义、数据处理、数据操作等方面的方法和思想。此外，该软件平台也能有效减少教师重复劳动。通过完成算法实践中的实习任务，能够有利于培养学生的创新精神和创新能力，使学生深入理解解决遥感影像处理问题的全过程，激发他们学习遥感原理与技术的兴趣。

三、实验环境

需要特别说明的是，地球信息科学与技术专业的遥感类课程教学实习全部在中国地质大学（武汉）地球物理与空间信息学院"空间信息提取与反演"教学实验室完成。硬件方面，该实验室拥有计算机 70 台，能够确保"地球信息科学与技术"专业同一年级两个自然班的本科生同时进行遥感教学实习；高光谱成像光谱仪和野外波谱仪各 1 台，能够为实验室开设地物光谱采集与分析实验、遥感信息提取与反演实验提供数据获取手段，确保有第一手的实验资料；服务器 1 套，能够为实验室开设遥感类课程教学实习提供硬件上的支持；手持式 GPS 9 套，能够为野外数据采集提供位置信息，以及其他一些相关实验仪器与设备。软件方面，拥有遥感影像处理软件 eCognition developer 和 server 各 1 套（20 个许可），eCognition 数据管理教学系统软件 1 套，PCI、ENVI 正版软件各 1 套。

目前,常用的遥感图像处理软件主要有 ENVI 和 ERDAS。相比 ERDAS 而言,ENVI 主要包括以下优势。

(1)ENVI 对于要处理的图像波段数没有限制,而且支持的传感器更多,可以处理最先进的卫星格式,如 Landsat 8、Pleiades、WorldView 和 Sentinel 等系列卫星,并准备接收未来所有传感器的信息。

(2)ENVI 具有十分灵活、友好的用户界面,操作简便易学,在经典版中所有的功能均以菜单的形式排列,对于初学者来说更加清晰易懂、容易掌握。

(3)ENVI 的高光谱数据分析与处理一直处于世界领先地位,同时还创造性地将高光谱数据处理方法用于多光谱影像处理,能够更有效地进行知识分类、土地利用动态监测以及更便捷地集成栅格和矢量数据。

(4)ENVI 的矢量工具可以进行屏幕数字化、栅格和矢量叠合,建立新的矢量层、编辑点、线、多边形数据,进行缓冲区分析,创建并编辑属性和进行相关矢量层的属性查询。

(5)众多主流的图像处理过程集成到 ENVI 流程化(Workflow)图像处理工具中,即使非专业人员也能够快速地进行图像处理并获得满意的处理结果。

(6)ENVI 和 ArcGIS 一体化功能能够实现数据互操作、平台间的无缝链接和系统间的一体化集成,并获得 ESRI 公司的众多技术支持。

因此,本教材中软件操作部分(第二章至第六章、第八章)采用 ENVI 作为遥感图像处理的软件。很多遥感软件都具有基于对象影像分析的功能,如 ENVI 的 Feature Extraction 扩展模块、eCognition、ERDAS IMAGINE 的 Objective 模块。尽管这些软件由于设计原理、体系结构、知识表达等方面造成侧重点各有不同,且 eCognition 更为专业,但作为大型遥感处理软件 ENVI 的一个小模块,Feature Extraction 操作简易,更侧重于交互式专题信息提取或结合使用基于像素的空间信息,对影像进行全要素分类。为了保持本教材中软件操作的连贯性,第六章主要介绍采用 ENVI Feature Extraction 模块进行面向对象特征提取。自 5.0 版本开始,ENVI 采用了全新的软件界面。然而,ENVI 的经典界面对于光谱分析和遥感影像的显示更为方便。为简便起见,本教材将根据各种遥感图像处理的特点,采用不同界面模式进行软件操作流程的描述。

对于第七章所使用的光谱数据采集仪器,目前市面上销售的美国 Analytical Spectral Devices(ASD)公司 FieldSpec 4 便携式光谱分析仪是 FieldSpec 3(已停产)的升级产品,具有更高的信噪比和数据采集速度,但两者的技术参数完全相同。本教材将以 FieldSpec 3 为例,来介绍野外地物光谱仪及光谱特征数据处理。

本教材第九章至第十一章,利用自行设计并开发的 RSDIPLib 平台进行遥感图像处理各种算法的实践。该基础库 RSDIPLib 的实现,在最常用的 Windows 操作系统以及 Visual C++集成开发环境下完成。在本教材第九章的实践实例中,使用 Visual C++2010 环境下已编译完成的 RSDIPLib 库文件,包括头文件、静态库文件以及动态链接库文件。RSDIPLib 也可以在 Visual C++其他版本环境下完成编译。根据 RSDIPLib 相应的编译环境,在后续遥感图像处理各种算法的实践中也应采用相同版本的编译开发环境。

第二章　ENVI 软件功能介绍

一、实验目的

通过上机操作,熟悉 ENVI 软件,并掌握 ENVI 软件的基本操作方法和步骤,达到熟练使用 ENVI 软件基本功能的目的。

二、实验内容

熟悉 ENVI 软件的基本模块,包括打开栅格和矢量文件、视窗信息显示、交互式显示、编辑头文件、选择感兴趣区、添加网格、快速制图和保存影像等。

三、实验数据文件

实验数据文件见表 2-1。

表 2-1　实验数据文件

文件	描述
can_tmr.img	Boulder Colorado TM 遥感影像
can_tmr.hdr	ENVI 头文件
p123r039_5dt19910719_z49_10.tif	Landsat TM 5 第一波段
p123r039_5dt19910719_z49_20.tif	Landsat TM 5 第二波段
p123r039_5dt19910719_z49_30.tif	Landsat TM 5 第三波段
p123r039_5dt19910719_z49_40.tif	Landsat TM 5 第四波段
p123r039_5dt19910719_z49_50.tif	Landsat TM 5 第五波段
p123r039_5dt19910719_z49_60.tif	Landsat TM 5 第六波段
p123r039_5dt19910719_z49_70.tif	Landsat TM 5 第七波段
p123r039_5x19910719.met	Landsat 元数据文件

四、ENVI 软件概述

ENVI(The Environment for Visualizing Images)和交互式数据语言 IDL(Interactive Data Language)是美国 ITT Visual Information Solutions 公司的旗舰产品。其中,ENVI 是由遥感领域的研究人员采用 IDL 开发的一套功能齐全的遥感图像处理系统,是处理、分析并显示多光谱数据的高级工具,主要有以下两大功能。

1. 强大的影像显示、处理和分析系统

ENVI 具有非常齐全的遥感影像处理功能，主要包括遥感数据常规处理、几何校正、定标、多光谱分析、高光谱分析、雷达分析、地形地貌分析、矢量应用、神经网络分析、区域分析、GPS 连接、正射影像图生成、三维图像生成、丰富的可供二次开发调用的函数库、制图和数据输入/输出等功能。

ENVI 对于待处理的遥感图像波段数目没有限制，它能够处理国际上最先进的卫星影像格式，如 Landsat TM、IKONOS、SPOT、RADARSAT、NASA、NOAA、EROS 和 TERRA，并能够接受未来所有新传感器的数据信息。

2. 强大的多光谱影像处理功能

ENVI 具备全套完整的多光谱遥感影像处理工具，能够进行文件处理、图像增强、掩膜、预处理、图像计算和统计、图像变换和滤波、图像镶嵌、图像融合以及图像分类等处理。同时，该软件具有丰富完备的投影软件包，可支持各种投影类型，并且，ENVI 还创造性地将一些高光谱数据处理方法用于多光谱影像处理，能更有效地进行知识分类、土地利用动态监测等遥感应用分析。

五、ENVI 的使用

ENVI 采用了图形用户界面(Graphical User Interface, GUI)，仅通过点击鼠标就能访问影像处理的功能模块，并使用三键鼠标对菜单和函数进行选择。

启动 ENVI 后，它的主菜单将会以菜单栏的方式出现在屏幕上。在 ENVI 主菜单的任意一个菜单项上点击鼠标左键就会出现子菜单选项，而每一个选项中可能还含有子菜单，包含更多的选项。通常点击这些子菜单会打开一个对话框，这些对话框需要输入与所选的 ENVI 功能模块相对应的影像信息，或者设置相应的参数。

1. ENVI 文件格式

ENVI 具有通用的栅格数据格式，即包含一个简单的二进制文件和一个相关的 ASCII(文本)的头文件。该文件格式允许 ENVI 使用几乎所有的影像文件，包括那些包含自身嵌入头信息的影像文件。

通用栅格数据都能够存储为二进制的字节流，通常它会以 BSQ(按波段顺序)、BIP(波段按像元交叉)或者 BIL(波段按行交叉)的方式进行存储。

(1)BSQ 是最简单的存储格式，它先将影像同一波段的数据逐行存储下来，再以相同的方式存储下一波段的数据。如果要获取影像单个波谱波段的空间点(X,Y)的信息，那么采用 BSQ 方式存储是最佳的选择。

(2)BIP 格式提供了最佳的波谱处理能力。以 BIP 格式存储的影像，按顺序存储第一个像素的所有波段的光谱特征，接着是第二个像素的所有波段的光谱特征，然后是第三个像素的所有波段的光谱特征……依此类推，直到所有像素都存储完毕为止。这种格式为影像数据波谱维的存取提供了最佳性能。

(3) BIL 是介于空间处理和波谱处理之间的一种存储格式,也是大多数 ENVI 处理操作中所推荐使用的文件格式。以 BIL 格式存储的影像,先存储第一个波段的第一行,接着是第二个波段的第一行,然后是第三个波段的第一行,直到所有波段都存储完毕为止。

ENVI 支持各种数据类型,包括字节型、整型、无符号整型、长整型、无符号长整型、浮点型、双精度浮点型、复数型、双精度复数型、64 位整型以及无符号 64 位整型。

与影像数据同名的文本头文件为 ENVI 提供了遥感图像的相关信息,包括维数、任何可能嵌入的头信息、数据格式及其他信息等。头文件通常是在 ENVI 第一次读取到一个数据文件时创建的(有时需要用户来输入)。在 ENVI 的菜单栏中选择"File→Edit ENVI Header"能够查看和编辑头文件,或者在可用波段列表中点击鼠标右键,选择"Edit Header"来完成同样的处理。此外,用户也可以在 ENVI 之外使用文本编辑器,产生一个数据文件对应的头文件。

2. ENVI 窗口和显示

使用 ENVI 时,屏幕上会出现一些不同的窗口和对话框。通过这些窗口及对话框可以操作和分析影像,并且,这些影像显示窗口可由用户任意移动及局部放大。ENVI 的默认设置是 3 个显示窗口(主影像窗口、缩放窗口和滚动窗口),但是用户也可以使用任意一个窗口的快捷菜单,或者 ENVI 的参数设置选项来改变窗口的组合。这组窗口就被称为显示组(Display Group,如图 2-1 所示)。默认的显示窗口由下面几种组成。

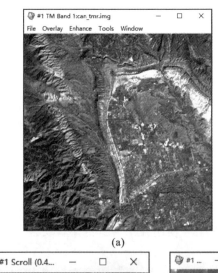

(a)

(b)   (c)

图 2-1 ENVI 显示窗口组

(a)主影像窗口;(b)滚动窗口;(c)缩放窗口

(1)主影像窗口(Main Image Window)——在该窗口中,整幅影像或影像的某部分会以全分辨率(屏幕上一个像素就是影像中一个像素)显示出来。

(2)滚动窗口(Scroll Window)——如果主影像窗口中无法将整幅影像全部显示出来,那么就会显示滚动窗口。滚动窗口中显示的是经重采样缩小尺寸后的整幅影像。在该窗口可以选择影像的某一部分显示于主影像窗口。滚动窗口中带颜色的矩形框表示主影像窗口中显示影像在完整影像中的空间位置。根据滚动窗口标题栏中的数值可以得到滚动窗口中显示的影像被缩放的倍数。

(3)缩放窗口(Zoom Window)——该窗口显示的是一幅放大了的影像,该影像对应于主影像窗口所选一部分影像。主影像中带颜色的矩形框指出了缩放窗口中影像所处的空间位置。根据滚动窗口标题栏的数值可以得到影像被放大的倍数。

在任何时刻都可以打开多个显示窗口。ENVI中有各种类型的窗口,这些窗口包括散点图绘制窗口、波谱剖面廓线窗口、波谱曲线绘制窗口以及矢量窗口。

ENVI主影像窗口菜单

ENVI主影像窗口菜单位于显示窗口的顶部。默认情况下,它显示于主影像窗口的顶部,并提供交互式的影像显示与分析功能(图2-2)。如果所选的显示组中不包括主影像窗口,那么菜单将会出现在滚动窗口或者缩放窗口的顶部。同ENVI其他菜单一样,从该菜单中可以任意选择某个菜单项。

此外,在任何一个显示窗口中点击鼠标右键就会弹出一个快捷菜单。通过这个菜单能够访问显示函数,也可以改变显示设置。

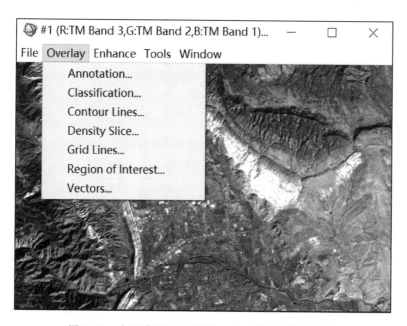

图2-2 主影像窗口中的"Overlay"菜单和快捷菜单

3. 可用波段列表（Available Bands List）

ENVI可以访问影像文件，或者这些文件中的单个波段。可用波段列表是一个特殊的ENVI对话框，它包括了所有被打开文件中可用的影像波段，以及与此相关的地图信息列表（图2-3）。使用可用波段列表能够方便地把彩色和灰度影像加载到一个显示窗口中。具体而言，可以直接打开一个新的显示窗口，或点击对话框底部的"Display♯N"按钮，并从中选择显示窗口号，打开相应的显示窗口。然后，点击"Gray Scale"或者"RGB Color"单选按钮，再从列表中点击波段名和选择所需的波段，加载显示该影像。

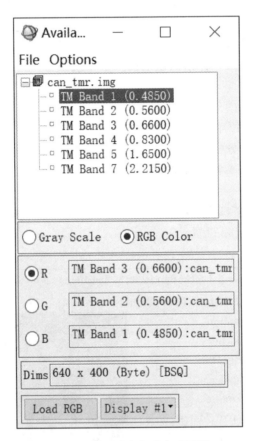

图2-3 可用波段列表对话框

可用波段列表顶部的File菜单提供打开、关闭文件，显示文件信息和退出可用波段列表等功能。Options菜单提供3项功能：查找接近特定波长的波段，显示当前所打开的波段以及将一幅已打开的影像的所有波段名折叠显示。将所有的波段名折叠为单个影像名或将各波段展开并分别显示于列表中，也可以通过点击可用波段列表对话框中文件名左边的"＋"（加）或"－"（减）符号来完成。

在可用波段列表中点击鼠标右键，会弹出一个包含不同功能的快捷菜单。根据当前在可用波段列表中所选定的（高亮突出显示的）项目，快捷菜单可能会不同。

六、ENVI 基本功能

1. 启动 ENVI

启动前,请确认已正确安装 ENVI。

在 Windows 系统中启动 ENVI,请双击 ENVI 的图标。成功打开 ENVI 后,它的主菜单将会出现在屏幕上。

2. 打开影像文件

(1)选择菜单命令"File→Open Image File",打开"Enter Input Data File"文件选择对话框,从列表中选择"can_tmr.img"文件,然后点击"OK"按钮。随即弹出可用波段列表,在列表中可以选择特定的光谱波段显示影像或者对它进行处理。

(2)使用鼠标左键点击对话框顶部所列的波段名,选中某个影像波段。所选的波段会在标有"Selected Band"的区域中显示出来。

(3)点击"Load Band"按钮,将影像加载到一个新的显示窗口中。

操作提示:主影像窗口拥有一个菜单栏(图 2-2)。

3. 编辑头文件

(1)要打开头文件编辑器,可以选择菜单命令"File→Edit ENVI Header",打开"ENVI Header Input File"对话框,在文件列表中选择要编辑的文件,或者鼠标右键单击"Available Bands List"对话框中要编辑文件的文件名,在弹出的快捷菜单中选择"Edit Header"选项,打开"Header Info"对话框,对话框上的可填内容及意义如表 2-2 所示。

表 2-2 对话框上的可填内容及意义

文本区及菜单项	相应功能
Samples	文件的列数
Lines	文件的行数
Bands	文件存储的波段数
Offset	文件开头到实际数据起始处的字节偏移量
Xstart	图像左上角的起始像元 X 坐标(像素坐标)
Ystart	图像左上角的起始像元 Y 坐标(像素坐标)
File Type	文件类型,如 ENVI Standard、TIFF 等
Byte Order	数据的字节顺序
Data Type	数据存储类型
Interleave	存储顺序:BSQ、BIL、BIP

(2) 在"Header Info"对话框中点击"Edit Attributes",将弹出一个下拉菜单,菜单的部分操作命令及功能如表 2-3 所示。

表 2-3 "Edit Attributes"的快捷菜单

选项	相应功能
Band Names	波段名称
Default Bands to Load	默认自动加载波段
Wavelengths	波段的中心波长
FWHM	波段波长宽度
Map Info	投影参数信息
Geographic Corners	设置图像文件 4 个角点的像素坐标和地理坐标
Pixel Sizes	像元大小
Byte Order	数据的字节顺序
Data Type	数据存储类型
Data Ignore Value	输入可忽略的数据值
Sensor Type	传感器类型

(3) 除了"Edit Attributes",在"Header Info"对话框中还有一个可编辑的文本区,可以在文本框中修改或者输入相应信息。

(4) 完成编辑后,点击"OK"按钮。

4. 图像显示窗口

在打开影像窗口加载成功后,ENVI 影像显示窗口就会出现在屏幕上。该显示窗口由主影像窗口、滚动窗口和缩放窗口组成(图 2-1)。这 3 个显示窗口相互关联,改变其中任何一个窗口都会对另外两个窗口产生影响。为了进一步了解它们之间的相互关系,可按下列步骤进行操作。

第一步:拖动缩放指示矩形框

(1) 注意主影像窗口中部的红色小矩形框。这个矩形框中所指示的影像区域就是缩放窗口中所显示的影像区域。在该矩形框内按住鼠标左键,并拖动该框,可将它移动到主影像窗口中的任何位置。当松开鼠标左键时,缩放窗口将会自动更新为指示矩形框所对应的新区域中的影像。

(2) 通过在主影像中移动十字丝光标,并在相应位置点击鼠标左键,可以重新放置缩放指示矩形框的位置。缩放窗口中将以所选的位置为中心,放大显示影像区。

(3) 通过使用键盘上的箭头键来移动缩放指示矩形框。点击缩放窗口或点击主影像窗口中缩放指示矩形框,然后按下键盘上的箭头键来移动被缩放的区域,每按一下移动一个像素。通过在键盘上同时按住 Shift 键和箭头键,能够每次在选定的方向上移动多个像素。

(4) 最后,如果在缩放指示矩形框外面按住鼠标左键,并拖动该框移到一个新的位置,缩放窗口会随着指示矩形框的移动而更新影像。

第二步：使用快捷菜单

3个显示窗口都有各自的快捷菜单，可以进行基本的显示设置或者交互式功能处理。如果要在任何一个窗口中打开快捷菜单，可以通过点击鼠标右键来完成。

第三步：放大、缩小或者漫游影像

(1) 在缩放窗口内移动光标，点击鼠标左键将以所选像素为中心重新放置放大了的影像区域。

(2) 单击并按住鼠标左键不动，在缩放窗口中拖动鼠标，缩放窗口会漫游显示出主影像窗口中各个区域的影像。

(3) 在"一"(负号)影像控件上单击鼠标左键，会使放大倍数减少1。在该影像控件上单击鼠标中键时，放大倍数会减少一半。

(4) 在"＋"(正号)影像控件上点击鼠标左键，会使放大倍数增加1。在该影像控件上单击鼠标中键时，放大倍数会增加一倍。

(5) 如果将缩放系数重新设置为1，可以在缩放窗口中点击鼠标右键，并在弹出的快捷菜单上选择命令"Set Zoom Factor to 1"。

(6) 在缩放窗口的左下角用鼠标左键单击最右边的影像控件，会触发缩放窗口中的十字丝出现或者关闭。在该影像控件上单击鼠标中键时，会触发主影像窗口中的十字丝出现或者关闭。而用鼠标右键单击时，会打开或关闭主影像窗口上的缩放指示矩形框。

(7) 在最右边影像控件上双击鼠标左键，可以在缩放窗口的重采样方式之间进行切换。

第四步：滚动影像

滚动窗口中的红色矩形框显示了当前在主影像窗口中显示的影像是整幅影像中的哪个部分。

(1) 用户可以在滚动指示矩形框中，点击鼠标左键并拖动该框，移动所选的区域。当松开鼠标左键时，主影像窗口和缩放窗口中的影像都会被更新。

(2) 也可以通过在想要放置的位置上，点击鼠标左键来重新放置滚动指示矩形框(同上面移动缩放指示矩形框所用的方法一样)。

(3) 如果点击并按住鼠标左键不放，拖曳鼠标，那么主影像窗口会随着鼠标的移动而更新影像(更新的速度依赖于运行ENVI的计算机配置情况)。

(4) 最后，通过点击滚动窗口，并按下键盘上的箭头键，可以移动滚动指示矩形框。为了让滚动的速度更快一些，可以同时按住箭头按钮和键盘上的Shift键。

第五步：调整窗口大小

用户可以像在其他应用中调整窗口大小一样，拖动窗口的任意一个角来调整显示窗口的大小。但是，不能将主影像窗口调整得比影像还大。当主影像窗口调整到足够显示整幅影像的时候，滚动窗口就会变得多余，并从屏幕上自动消失。当主影像重新调整到比整幅影像小时，滚动窗口又会显示在屏幕上。

第六步：滚动条

主影像窗口和缩放窗口都有可供选择的滚动条，它提供了另一种可替代的方法来移动影像。

(1) 要在任意一个窗口中加入或取消滚动条，可以在该窗口中点击鼠标右键，并选择命令

"Toggle→Display Scroll Bars"或者"Toggle→Zoom Scroll Bars"。

(2)要设置在默认情况下,任意一个窗口是否自动地带有滚动条,可以在ENVI主菜单上,选择菜单命令"File→Preferences",并点击"Display Defaults"标签,然后使用箭头切换按钮来改变相应的设置。

第七步:改变显示组显示方式

(1)要改变当前显示窗口的组合,可以在任意显示窗口中点击鼠标右键,并在"Display Window Style"子菜单中选择某种组合方式。

(2)要改变显示类型的默认设置,可以在ENVI主菜单中选择命令"File→Preferences",然后在"Window Style"菜单中选择合适的窗口组合类型。

(3)要改变当前所显示的滚动窗口和缩放窗口的位置,可以在任意窗口中点击鼠标右键,并在"Scroll/Zoom Position"子菜单中进行选择。

(4)要改变滚动窗口和缩放窗口的默认位置,可以在ENVI主菜单中选择命令"File→Preferences",然后在"Scroll Window"和"Zoom Window"中进行选择。

5. 鼠标键的使用方法

ENVI有许多交互式的功能,对于每个不同功能,鼠标键的组合和作用都不同。"Mouse Button Descriptions"对话框描述了在每个图形窗口中鼠标键的功能。

(1)要打开"Mouse Button Descriptions"对话框,可以从主影像窗口菜单栏或者从ENVI主菜单栏中选择命令"Window→Mouse Button Descriptions"。打开该对话框后,只要鼠标光标出现在ENVI显示窗口或者图形窗口中,鼠标键的功能就会出现在对话框中。其中,MB1、MB2和MB3分别代表鼠标左键、中键和右键。

(2)要显示鼠标光标的位置和值,可以从主影像窗口菜单栏或者从ENVI主菜单栏中选择"Window→Cursor Location/Value"菜单,或者在主影像窗口中点击鼠标右键,从弹出的快捷菜单中选择命令"Cursor Location/Value"。接着屏幕上出现的"Cursor Location/Value"对话框将显示出光标在主影像窗口、滚动窗口或者缩放窗口中的位置,如图2-4所示。该对话框还显示了十字丝光标所对应像素的屏幕值(颜色)和实际数据值。

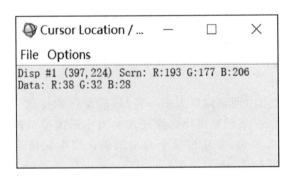

图2-4 "Cursor Location/Value"对话框,显示当前像素的屏幕值和数据值

(3)要关闭这个对话框,可以在"Cursor Location/Value"对话框顶部的菜单中选择命令"File→Cancel"。

(4)一旦"Cursor Location/Value"对话框打开后,要隐藏或者显示该对话框,可以在主影像窗口中双击鼠标左键。

6. 显示影像剖面廓线

可以交互式地选择和显示 X 轴(水平)、Y 轴(垂直)和 Z 轴(光谱)的剖面廓线图。这些剖面廓线图显示了穿过影像的横线(X)、纵线(Y)或者光谱波段(Z)的数据值。

(1)从主影像显示窗口菜单栏中选择"Tools→Profiles→X Profile"菜单,将会打开一个绘制窗口,该窗口将根据影像中所选择的行,绘制出一幅数据值与列号(Sample Number)之间的关系曲线图(图 2-5)。

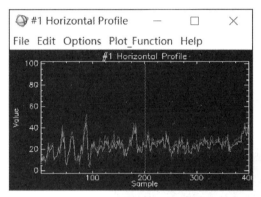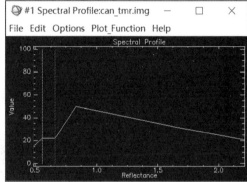

图 2-5　水平(X 轴)剖面廓线(左图)和光谱(Z 轴)剖面廓线(右图)的绘制图

(2)若选择"Tools→Profiles→Y Profile"菜单,绘制出一幅数据值与行号(Line Number)之间的关系曲线图;选择"Tools→Profiles→Z Profile"菜单,绘制出相应的光谱剖面廓线图(图 2-5)。

操作提示:也可以通过任意影像窗口中的快捷菜单来打开光谱剖面廓线图。

(3)选择"Window→Mouse Button Descriptions"菜单,可以查看鼠标键在剖面廓线显示窗口中按键功能的描述。

(4)放置好这 3 个剖面廓线图窗口,以便能同时看到它们。一个红色的十字丝将从主影像窗口的顶部扩展延伸到底部,并还将延伸到主影像窗口的两端。这条红线指出了垂直或者水平剖面廓线所对应的行或者列的位置。

(5)在影像上移动十字丝(就像移动缩放指示矩形框一样),查看这 3 幅影像剖面廓线图在新的位置上如何更新显示数据。

(6)从每个绘制图窗口中选择"File→Cancel"菜单来关闭绘制图窗口。

7. 进行快速对比度拉伸

可以使用主影像窗口、缩放窗口或者滚动窗口中的默认参数和数据来进行快速对比度拉伸。选择主影像窗口菜单栏"Enhance"菜单,能够进行各种各样的对比度拉伸,包括线性拉伸、0~255 的线性拉伸、2%的线性拉伸、高斯拉伸、均衡化拉伸以及平方根拉伸。

(1)使用主影像窗口、缩放窗口或者滚动窗口中的影像作为拉伸数据源,尝试进行各种类型的拉伸变换。

(2)比较在窗口显示组中线性、高斯、均衡以及平方根拉伸后的效果。

8. 显示交互式的散点图

ENVI 可以绘制出两个所选影像波段的数值关系图,即分别选定这两个波段为 X 轴、Y 轴,在平面坐标上绘制两者的散点图。

(1)在主影像窗口菜单栏中选择菜单命令"Tools→2D Scatter Plots",打开"Scatter Plot Band Choice"对话框,并选择需要进行比较的两个影像波段。

(2)选择其中一个波段作为 X 轴,另一个波段作为 Y 轴,然后点击"OK"按钮。

(3)一旦打开了散点图绘制窗口,如图 2-6 所示,就可以将鼠标光标放在主影像窗口中任意位置,并按住鼠标左键来拖动光标。此时,十字丝光标周围 10×10 窗口范围内的像素在散点图中所对应的点将会用红色突出显示出来。

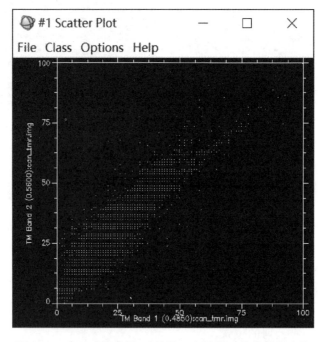

图 2-6 交互式散点图,对波段 1 和波段 2 的值进行比较

(4)在主影像窗口上移动鼠标光标,观察所产生的跳跃像素(Dancing Pixels)效果。

(5)可以使用散点图来高亮突出显示主影像窗口中含有相应波谱值的像素。将鼠标光标放在散点图窗口上,点击并拖动鼠标中键。一个 10×10 的红色矩形框随即出现在散点图中。当在"Scatter Plot"窗口中拖动鼠标光标来移动该 10×10 的窗口区域时,该矩形框对应的像素就会在主影像窗口中被高亮突出显示出来。

(6)在散点图菜单栏中选择菜单命令"File→Cancel"来关闭"Scatter Plot"窗口。

9. 加载彩色影像

(1)如果屏幕上没有显示可用波段列表对话框,那么就在 ENVI 主菜单栏中选择菜单命令"Window→Available Bands List"打开该对话框(图 2-3)。

操作提示:如果没有打开影像,那么在 ENVI 主菜单中选择菜单命令"File→Open Image File",然后选择需要打开的影像,加载该影像的波段到可用波段列表中。

(2)点击"RGB"单选按钮,然后在另一个显示窗口中加载一幅彩色影像。

(3)通过点击列表中的波段名,从列表中为每种颜色(红、绿、蓝)选择一个波段。当点击列表中的波段名时,指定的 R、G、B 单选按钮会自动地向前选择。

(4)当 3 种颜色都有波段与其对应时,点击"Display#1"下拉式菜单按钮,并从中选择菜单命令"New Display"。

(5)点击"Load RGB"按钮,就可以将彩色影像加载到新的显示窗口中。

(6)在"Available Bands List"面板中,用鼠标右键点击文件名,从弹出的快捷菜单中选择菜单命令"Load True Color"在视窗中显示合成的真彩色图像,再次用鼠标右键点击文件名,从弹出的快捷菜单中选择菜单命令"Load CIR"在视窗中显示合成的标准假彩色图像。

10. 链接两个显示窗口

将两个显示窗口链接在一起进行比较。当把两个显示窗口链接在一起后,在一个显示窗口中(滚动、缩放等)所进行的任何操作都会在与其相链接的显示窗口中产生相同的响应。要将两个显示窗口链接在一起,可以按下面的步骤进行。

(1)从主影像显示窗口菜单中选择菜单命令"Tools→Link→Link Displays",或者在影像中点击鼠标右键,并在弹出的快捷菜单中选择菜单命令"Link Displays",打开"Link Displays"对话框。

(2)在"Link Displays"对话框中点击"OK"按钮来建立链接。

(3)尝试在其中一个显示窗口中进行滚动或者缩放操作,观察另一个显示窗口相应的反应。

动态叠加

ENVI 的多重动态叠加显示功能允许用户将一幅或多幅影像的某一部分动态地叠加到与之相连的影像中去。当链接了两个显示窗口后,动态叠加功能就自动地打开了,并可以在主影像窗口或缩放窗口中表现出来。

(1)要进行叠加显示,可以点击鼠标左键。这时,可以看到两个显示窗口完全地相互叠加显示在一起了。

(2)要创建一个较小的叠加区域,可以将鼠标光标放在主影像窗口(或缩放窗口)中任何位置,然后按下鼠标中键并拖动鼠标。松开鼠标后,一个较小的叠加区域就设置好了,链接影像的一小部分将会被叠加显示到当前影像窗口中。

(3)现在,点击鼠标左键,并在影像中拖动这个小的叠加区域,观察叠加显示的效果。

(4)可以在任何时候,点击并拖动鼠标中键来改变叠加区域的大小,直到满足所需大小为止。

11. 选择感兴趣区

ENVI 允许在影像中定义感兴趣区(Region of Interests,ROIs)。感兴趣区主要被用于提取分类的统计信息、生成掩膜以及其他相关操作。

(1)从主影像显示窗口菜单中选择菜单命令"Overlay→Region of Interest",或者在影像中点击鼠标右键,在弹出的快捷菜单中选择菜单命令"ROI Tool"。接着,与该主影像显示窗口相对应的"ROI Tool"对话框就会出现在屏幕上,如图2-7所示。

(2)绘制代表感兴趣区的多边形。

在主影像窗口中点击鼠标左键,建立感兴趣区多边形的第一个顶点。

再次点击鼠标左键,按顺序选择更多的边线点,点击鼠标右键来闭合该多边形。鼠标中键可用来删除最新定义的点,或者(如果用户已经闭合了该多边形)删除整个多边形。再次点击鼠标右键,固定多边形的位置。

通过选择"ROI Tool"对话框顶部相应的单选按钮,感兴趣区也可以在缩放窗口和滚动窗口中被定义。

(3)当完成一个感兴趣区域的定义后,该区域将会在"ROI Tool"对话框的 ROI 列表中显示出来,如图2-7所示,同时显示的还有感兴趣区的名称、颜色和所包含的像素数。

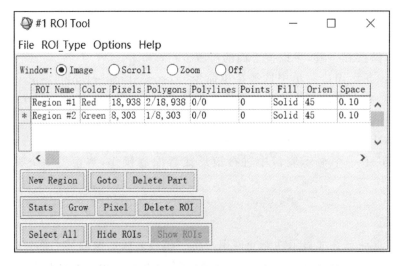

图2-7 已经定义好两个感兴趣区的"ROI Tool"对话框

(4)要定义一个新的感兴趣区,就点击"New Region"按钮。

点击"Edit"按钮,可以输入感兴趣区的名字,选择感兴趣区的颜色和填充方式。

其他类型的感兴趣区

感兴趣区也可以用"ROI_Type"下拉菜单中的多条折线(Polyline)或单个像素的集合来定义。

感兴趣区的操作处理

一旦创建了感兴趣区,就可以在"ROI Tool"对话框的 ROI 列表中选择感兴趣区,并点击"Hide RIOs"按钮,将该感兴趣区从显示窗口中隐藏,点击"Show RIOs"按钮可以重新显示该感兴趣区。

点击"Stats"按钮,打开"ROI Statistics Result"对话框,可以查看所选感兴趣区的统计数据,点击"Select Plot"菜单,选择它的子菜单可以显示各个波段的光谱特征曲线。

点击"Grow"按钮,使用一个特定的阈值把感兴趣区"生长"到邻近的像素。

点击"Pixel"按钮,可以将多边形、椭圆、矩形以及折线进行"像素化",它的目的是使其成为编辑点的集合。

点击"Delete"按钮,将会把所选的感兴趣区从列表中永久性地消除。

"ROI Tool"对话框顶部的其他按钮和下拉菜单中的选项可以用于计算感兴趣区的均值、保存感兴趣区的定义、载入已保存的感兴趣区、显示或者删除列表中的所有感兴趣区的定义。

操作提示:除非已明确地删除了感兴趣区的定义,否则即使关闭了"ROI Tool"对话框,该定义仍保存在计算机的内存中。这意味着即使感兴趣区不显示出来,它们对于 ENVI 其他的功能仍然是有效的。

12. 对影像进行注记

ENVI 灵活的注记功能,允许在地图和影像中加入文本、多边形、色标条以及其他的一些符号注记。

(1)要对一幅影像进行注记,可以从主影像菜单栏中选择菜单命令"Overlay→Annotation"。接着,与主影像窗口相对应的"Annotation:Text"对话框就会出现在屏幕上,如图 2-8 所示。

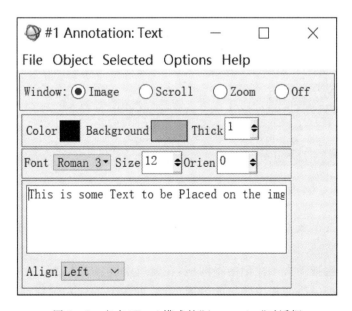

图 2-8 文本(Text)模式的"Annotation"对话框

(2)要对绘制图、3D表面以及相似的对象进行注记,可以从绘制图窗口的菜单栏中选择菜单命令"Options→Annotation"来进行注记。

1)注记类型

"Annotation:Text"对话框允许选择各种类型的不同注记。这些不同的类型都可以从"Object"菜单中进行选择,包括文本、符号、矩形、椭圆、多边形、折线、箭头、地图比例尺、三北方向图表(Declination Diagrams)、地图图例、颜色标注记以及影像注记。默认情况下,"Annotation:Text"对话框打开后的选项是文本(Text)注记。对话框中的其他选项被用来控制文本注记的大小、颜色、位置和角度。当从"Object"菜单中选择不同的注记类型时,对话框中的选项也会跟着改变,以适应该注记类型。

2)放置注记

尝试在主影像窗口中放置一个文本注记。

(1)在"Annotation:Text"对话框的文本区中输入相应的文本。在对话框相应的菜单和参数设置中选择文本的字体、颜色和大小,然后在主影像窗口合适的位置上点击鼠标左键。接着,输入的文本会在所选点的位置上显示出来,如图2-9所示。

图2-9 带注记的影像

操作提示:选择菜单命令"Window→Mouse Button Descriptions",可获得注记对话框中对鼠标按键的各项功能的描述。

(2)使用鼠标左键拖动文本注记的小圆柄,在窗口中放置文本注记。

(3)可以在对话框中改变相应区域的设置值,或者按下鼠标左键拖动文本或符号注记,以此来改变注记的属性和位置。

(4)完成文本注记的设置,可以点击鼠标右键来锁定注记的位置。

3)保存和恢复注记

(1)从"Annotation:Text"对话框的菜单栏中选择菜单命令"File→Save Annotation",来保存影像注记。

(2)这时会弹出"Output Annotation Filename"对话框。要保存影像注记,在该对话框中指定要保存的路径以及保存的文件名,该文件名的扩展名为.ann。

操作提示:如果没有将影像注记保存到文件中,那么当关闭"Annotation:Text"对话框时,注记就会丢失(当没有进行保存就关闭注记对话框时,系统会提示进行相应的保存)。

(3)在"Annotation:Text"对话框中选择"File→Restore Annotation",就可以恢复原先保存过的注记文件。

4)修改先前放置好的注记

(1)在"Annotation:Text"对话框中选择菜单命令"Object→Selection/Edit"。

(2)用鼠标左键点击并拖曳出一个矩形框来包含要修改的注记对象。

(3)当小圆柄出现后,点击拖动注记及小圆柄,修改它相应的属性,类似设置新的注记对象时的操作。

5)暂时停止使用注记功能

(1)要暂时停止注记功能,返回到正常的 ENVI 操作处理中,在"Annotation:Text"对话框中选择"Off"单选按钮。允许用户在不丢失注记的前提下,在显示窗口中使用滚动和缩放功能。

(2)要返回到注记功能,选择"Annotation:Text"对话框中相应的要进行注记的窗口所对应的单选按钮。当完成这些操作后,注记将保留在主影像窗口中。

13. 添加网格

(1)要在影像中叠加公里网信息,可以在主影像窗口中选择菜单命令"Overlay→Grid Lines",打开"Grid Line Parameters"对话框。

操作提示:当给影像叠加公里网时,影像的边框也会自动添加进来。

(2)在"Grid Line Parameters"对话框中选择"Options→Edit Pixel Grid Attributes"下拉菜单,打开"Edit Pixel Attributes"对话框,可以通过设置公里网的线宽、颜色和公里网间隔来修改公里网的属性。

(3)在"Edit Pixel Attributes"对话框中完成了属性设定后,点击"Edit Pixel Attributes"对话框中的"OK"按钮,可将所做的更改应用到影像中。

(4)当完成公里网的添加后,点击"Grid Line Parameters"对话框中的"Apply"按钮,即可在影像中添加公里网,如图 2-10 所示。

14. 快速制图

ENVI 的地图制图功能能够方便地、快捷地、交互式地将一幅图像绘制成地图,它的步骤如下。

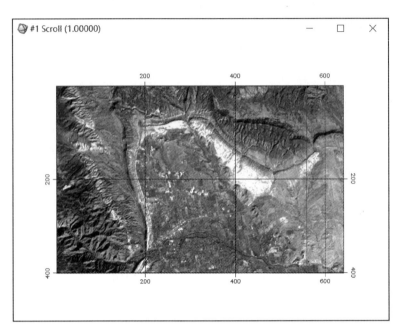

图 2-10　添加注记以及公里网的影像

（1）打开制图图像，从主图像窗口的主菜单中选择"File→QuickMap→New QuickMap"，出现快速制图默认参数对话框（图 2-11），设置好参数，点击"OK"按钮，在打开的制图图像对话框中拖动红色方框选择图像区域。

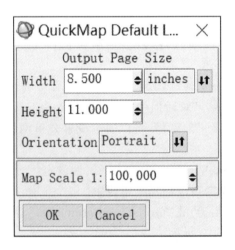

图 2-11　快速制图默认参数对话框

（2）点击"OK"按钮后在打开的对话框中进一步设置参数，如图 2-12 所示，在"Main Title"文本框输入地图标题，在"Low Left Text"文本框鼠标右键点击加载题图投影信息，可手动修改为中文并设置字体和尺寸，在"Grid Lines"的"Font"中设置字体为"Roman 1"，可消除经纬度中的乱码。点击"Apply"按钮后弹出快速制图结果新图像窗口。

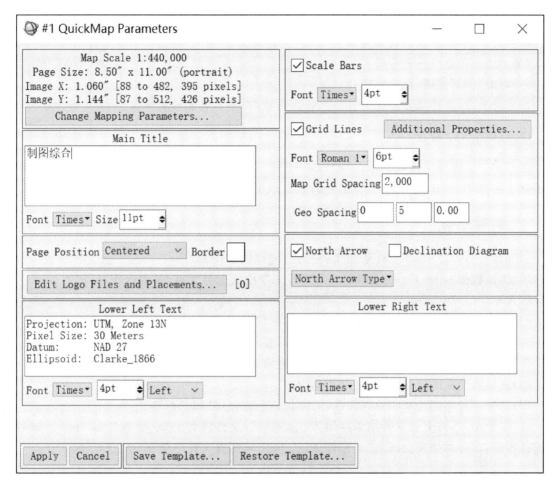

图 2-12 快速制图参数对话框

15. 保存和输出影像

ENVI 对用户提供了几个选项来保存或者输出经过滤波处理、添加注记以及公里网的影像。这些影像可保存为 ENVI 的影像文件格式,或者保存为几种通用的图形格式(包括 PostScript 格式),然后再打印或者导入到其他软件中,也可以直接输出到打印机中。

将影像保存为 ENVI 的影像格式

(1)从主影像窗口菜单栏中选择菜单命令"File→Save Image As→Image File",打开"Output Display to Image File"对话框。

(2)在"Output Display to Image File"对话框中选择 24 比特彩色或者 8 比特的灰阶输出,然后再选择其他图形选项(包括注记和公里网)以及边框设置。

操作提示:如果将注记和公里网都添加到彩色影像显示中了,那么注记和公里网就会自动地列到"Graphics"选项中,也可以选择其他注记文件应用于输出影像上。

(3) 使用所需的单选按钮,将影像结果输出到"Memory"或者"File"中。如果选择了输出为"File",那么需要输入一个预定义的输出文件名。

操作提示:如果从默认设置为 ENVI 的"Output File Type"按钮中选择了其他的图形文件格式,那么相关选项将稍有不同。

(4) 点击"OK"按钮,保存影像。

操作提示:该操作保存的是当前影像的显示值,而不是真实的数据值。

16. 结束 ENVI 程序

在 ENVI 主菜单中选择菜单命令"File→Exit",在打开的"Terminate this ENVI Session"对话框中选择"Yes"按钮,并点击"OK"按钮,退出 ENVI 程序。

七、实验任务

以"p123r039"Landsat TM 影像文件为例,完成以下任务。

(1) 将该数据 band 1-5、band 7 以 ENVI 标准格式保存文件,并说明头文件"*.hdr"中各字段的含义。

(2) 拖动缩放指示矩形框,放大、缩小、漫游影像,调整窗口大小,改变显示组显示方式。

(3) 显示影像剖面廓线,进行快速对比拉伸,显示交互式的散点图。

(4) 对该遥感影像进行真彩色和标准假彩色合成并显示。

(5) 链接两个显示窗口,动态叠加两个窗口。

(6) 选择 3 种不同类型的感兴趣区,对影像进行注记,并添加网格。

(7) 实验结果:将上述实验结果存储为"jpg"格式,文件命名为"x_任务名称.jpg"。如对影像进行注记,保存的结果应该是"x_影像注记.jpg",将所有文件存储在自定义的目录中。

第三章 遥感影像预处理

一、实验目的

熟悉在 ENVI 中对影像进行地理校正、添加地理坐标以及如何使用 ENVI 进行影像到影像的配准和影像到地图的校正;掌握图像裁剪、图像镶嵌、Brovey 变换和 Gram-Schmidt Pan Sharpening(GS)图像融合等操作的步骤。

二、实验内容

本实验主要涉及遥感图像处理中的图像校正、配准、裁剪、镶嵌和融合等功能,通过实验进一步掌握图像预处理的理论原理。

三、实验数据文件

实验数据文件见表 3-1。

表 3-1 实验数据文件

文件	描述
bldr_sp.dat	Boulder SPOT 带地理坐标的影像子集
bldr_sp.hdr	ENVI 相应的头文件
bldr_sp.grd	Boulder SPOT 地理公里网参数
bldr_sp.ann	Boulder SPOT 地理注记
bldr_tm.img	Boulder TM 没有地理坐标的影像
bldr_tm.hdr	ENVI 相应的头文件
bldr_tm.pts	TM-SPOT 影像到影像配准中所用的控制点
bldr_imgtomap.pts	TM-MAP 影像到地图配准中所用的控制点
bldr_rd.dlg	Boulder 道路数字线划图(DLG)
bldrtmsp.grd	融合后的 TM-SPOT 影像的地图公里网
bldrtmsp.ann	融合后的 TM-SPOT 影像的注记
p123r039_5x19910719.met	裁剪所需的武汉市 Landsat 元数据文件
wuhan.shp	裁剪所需的武汉市矢量文件
dv06_2.img	基于像素的镶嵌所需影像文件
dv06_3.img	基于像素的镶嵌所需影像文件

续表 3-1

文件	描述
lch_01w.img	基于地理坐标的镶嵌所需影像文件
lch_02w.img	基于地理坐标的镶嵌所需影像文件
bldr_sp.dat	Brovey 融合所需的 SPOT 影像文件
TM-30m.dat	Brovey 融合所需的 TM 影像文件
qb_boulder_msi	GS 融合用到的 ENVI 自带多光谱影像文件
qb_boulder_pan	GS 融合用到的 ENVI 自带全色影像文件

四、实验原理

ENVI 对带地理坐标的影像提供了全面的支持，它能够对许多预定义的地图投影进行处理，这些地图投影可以采用"UTM"或"State Plane"投影方式。此外，ENVI 的用户自定义地图投影功能能够创建自定义的地图投影，允许使用 6 种基本投影类型、超过 35 种不同椭球体以及 100 多种基准数据集(Datum)来满足大多数地图投影的需要。

ENVI 地图投影参数存储在 ASCII 文本文件"map_proj.txt"中，该文件能够被 ENVI 地图投影工具修改或直接被用户编辑。该文件中的信息会被影像相应的头文件(ENVI Header Files)所使用，而且 ENVI 允许使用已知的地图投影坐标来简单地指定相关联的地图坐标系统的起始点(Magic Pixel)。然后，选择的 ENVI 函数就能够使用该信息，在带地理坐标的数据空间中进行操作处理。

ENVI 的影像配准和几何纠正工具允许用户将基于像素的影像定位到地理坐标上，然后对它们进行几何纠正，使其匹配基准影像的几何信息。使用全分辨率(主影像窗口)和缩放窗口来选择地面控制点(GCPs)，进行影像到影像和影像到地图的配准。屏幕会显示基准影像和未校正影像的控制点坐标，以及由指定的校正算法所得的误差。地面控制点预测功能能够简化控制点的选取过程。

将使用重采样、缩放比例和平移(这 3 种方法通称为 RST)，以及多项式函数(多项式系数可以从 1 到 n)，或者 Delaunay 三角网的方法，来对影像进行校正，所支持的重采样方法包括最近邻法(Nearest-neighbor)、双线性内插法(Bilinear Interpolation)和三次卷积法(Cubic Convolution)。使用 ENVI 的多重动态链接显示功能对基准影像和校正后的影像进行比较，可以快速地评估配准精度。

图像裁剪的目的是将研究之外的区域去除，常用方法是按照行政区划边界或自然区划边界进行图像裁剪。按照 ENVI 的图像裁剪过程，可分为规则裁剪和不规则裁剪。规则分幅裁剪指裁剪图像的边界范围是一个矩形，这个矩形范围获取途径包括行列号、左上角和右下角两点坐标、图像文件、ROI 矢量文件，规则分幅裁剪功能在很多的处理过程中都可以启动(Spatial Subset)。不规则分幅裁剪指裁剪图像的外边界范围是一个任意多边形，任意多边形可以是事先生成的一个完整的闭合多边形区域，也可以是一个手工绘制的 ROI 多边形，或是 ENVI 支持的矢量文件，针对不同的情况采用不同的裁剪过程。后面的不规则分幅裁剪的实验步骤主要介绍如何用矢量文件进行裁剪。

图像镶嵌是指在一定数学基础的控制下,把多景相邻遥感图像拼接成一个大范围、无缝的图像的过程。ENVI 的图像镶嵌功能提供交互式的方式将没有地理坐标或者有地理坐标的多幅图像合并,生成一幅单一的合成图像。镶嵌功能提供了透明处理、匀色、羽化等功能。ENVI 采用颜色平衡的方法,尽量避免由于镶嵌图像颜色不一致而影响镶嵌结果的情况。以一幅图像为基准,统计各镶嵌图像的直方图(可以选择整幅基准图像或者重叠区的直方图),采用直方图匹配法匹配其他镶嵌图像,使得镶嵌图像具有相近的灰度特征。

图像融合是将低空间分辨率的多光谱图像或高光谱数据与高空间分辨率的单波段图像重采样生成一幅高分辨率多光谱图像的遥感图像处理技术,使得处理后的图像既有较高的空间分辨率,又具有多光谱特征。图像融合的关键是融合前两幅图像的精确配准以及处理过程中融合方法的选择。融合方法的选择取决于被融合图像的特征以及融合目的,表 3-2 是 ENVI 中几种融合方法的适用范围介绍。其中,HSV 变换和 Brovey 变换要求数据具有地理参考或者具有相同的尺寸大小,RGB 输入波段数据类型必须为字节型。Brovey 变换对 RGB 图像和高分辨率数据进行数学合成,从而使图像融合,即 RGB 图像中的每一个波段都乘以高分辨率数据与 RGB 图像波段总和的比值,然后自动地用最近邻、双线性或三次卷积技术将 3 个 RGB 波段重采样到高分辨率像元尺寸。Gram-Schmidt Pan Sharpening(GS)融合方法通过统计分析方法对参与融合的各波段进行最佳匹配:第一步,从低分辨率的波段中复制出一个全色波段;第二步,对复制出的全色波段和多波段进行 Gram-Schmidt 变换,其中全色波段被作为第一个波段;第三步,用高空间分辨率的全色波段替换 Gram-Schmidt 变换后的第一个波段;最后,应用 Gram-Schmidt 反变换得到融合图像。这种方法避免了传统融合方法某些波段信息过度集中和新型高空间分辨率全色波段波长范围扩展所带来的光谱响应范围不一致问题,能保持融合前后图像波谱信息的一致性,是一种高保真的遥感图像融合方法,比较适合高分辨率图像,包括 IKONOS、GeoEye-1、QuickBird、WorldView、SPOT 6、资源三号、资源一号 02C 和 GF-1 等。乘积运算(CN)要求数据具有中心波长和 FWHM。

表 3-2 融合方法说明

融合方法	适用范围
HSV 变换	纹理改善,空间保持较好。光谱信息损失较大,受波段限制
Brovey 变换	光谱信息保持较好,受波段限制
乘积运算(CN)	对大的地貌类型效果好,同时可用于多光谱与高光谱图像的融合
主成分(PC)变换	无波段限制,光谱保持好。第一主成分信息高度集中,色调发生较大变化
Gram-Schmidt Pan Sharpening(GS)	改进了 PCA 中信息过分集中的问题,不受波段限制,较好地保持空间纹理信息,尤其能高保真保持光谱特征。专为最新高空间分辨率图像设计,能较好地保持图像的纹理和光谱信息

五、实验步骤

1. 带地理坐标的数据和影像地图

该实验通过对带地理坐标的数据的处理,使用地图公里网和注记创建影像地图,并生成输出影像。

第一步:打开并显示带地理坐标的 SPOT 数据

(1) 从 ENVI 主菜单中选择菜单命令"File → Open Image File",打开"Enter Data Filename"文件选择对话框。在该对话框中选择实验数据文件"bldr_sp.img",点击"OK"按钮。

(2) 当可用波段列表对话框出现后,点击"Gray Scale"单选按钮;使用鼠标左键点击相应的波段名,从对话框顶部所列波段中选中 SPOT 波段,所选择的波段名显示在"Selected Band"字段区域中。点击"Load Band"按钮,加载这幅影像到新的显示窗口中。

第二步:修改 ENVI 头文件中的地图信息

(1) 在可用波段列表中,使用鼠标右键点击"bldr_sp.img"文件,从弹出的快捷菜单中选择菜单命令"Edit Header",打开"Header Info:bldr_sp.img"对话框,点击"Edit Attributes"菜单,选择"Map Info",打开"Edit Map Information"对话框,如图 3-1 所示。

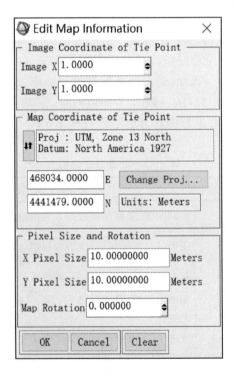

图 3-1 "Edit Map Information"对话框

操作提示：该对话框列出了在 ENVI 中添加地理坐标所用的地理信息，可以调整 ENVI 使用的"Magic Pixel"（作为地图坐标系统的起始点）相对应的影像坐标。因为 ENVI 可以从相应头文件信息和地图投影文件中识别出地图投影、像元大小以及地图投影参数，所以用它能够计算出影像中任意像素的地理坐标。既可以输入地图坐标，也可以输入地理坐标（纬度/经度）。

（2）点击"Projection/Datum"文本旁边的上下箭头切换按钮，显示"UTM Zone 13 North"地图投影的纬度/经度坐标。ENVI 在处理过程中才进行转换。

（3）点击当前的"DMS"或者"DDEG"按钮，分别在度-分-秒（Degrees-Minutes-Seconds）和十进制的度（Decimal Degrees）之间进行切换。完成之后，点击"Cancel"按钮，退出"Edit Map Information"对话框。

第三步：打开显示主影像窗口、滚动窗口或者缩放窗口中光标位置信息的对话框

（1）从主影像窗口菜单栏中选择菜单命令"Tools→Cursor Location/Value"，打开命令的对话框，如图 3-2 所示；也可以从 ENVI 主菜单和主影像窗口菜单栏中选择菜单命令"Window→Cursor Location/Value"，完成该操作。

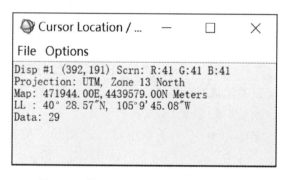

图 3-2 "Cursor Location/Value"对话框

（2）在影像中移动光标，查看特定位置的坐标值，并注意地图坐标和经纬度之间的关系。

操作提示：对于带有地理坐标的影像，"Cursor Location/Value"对话框同时给出了当前像素的影像坐标和地理坐标。

第四步：叠合地图公里网

（1）从主影像窗口菜单栏中选择菜单命令"Overlay→Grid Lines"，打开"♯1 Grid Line Parameters"对话框，如图 3-3 所示，同时影像中出现虚拟边框，允许在外部显示地图公里网的标注。

（2）在"♯1 Grid Line Parameters"对话框中选择菜单命令"File→Restore Setup"，打开"Enter Grid Parameters Filename"对话框。在该对话框中选中实验数据文件"bldr_sp.grd"，点击"Open"按钮，先前保存过的公里网参数则会被加载到对话框中。

（3）从"♯1 Grid Line Parameters"对话框菜单栏中选择菜单命令"Options→Edit Map Grid Attributes"，打开"Edit Map Attributes"对话框，可以查看地图参数。处理完成后，点击"Cancel"按钮关闭该对话框。

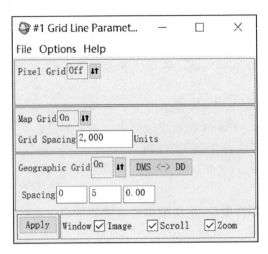

图 3-3 "Grid Line Parameters"对话框

操作提示：注意公里网的间隔以及控制线条、标签、公里网交角以及矩形框（轮廓框）相应颜色和其他特征的参数。

（4）从"♯1 Grid Line Parameters"对话框菜单栏中选择菜单命令"Options→Edit Geographic Grid Attributes"，打开"Edit Geographic Attributes"对话框，可以查看地理坐标。处理完成后，点击"Cancel"按钮关闭该对话框。

操作提示：注意地理坐标（纬度/经度）公里网的参数。

（5）在"♯1 Grid Line Parameters"对话框中，点击"Apply"按钮，可以在影像中放置公里网。

操作提示：ENVI允许同时放置像素、地图和地理坐标公里网。

第五步：叠合地图注记

（1）在主影像窗口中选择菜单命令"Overlay→Annotation"，打开"♯1 Annotation:Text"对话框。从"♯1 Annotation:Text"对话框菜单栏中选择菜单命令"File→Restore Annotation"，打开"Enter Annotation Filename"对话框。在该对话框中选中实验数据文件"bldr_sp.ann"，点击"OK"按钮。先前保存过的地图注记则会被加载到影像上。

（2）按住滚动窗口的一角并拖动鼠标，拉大该滚动窗口。重新放置改变了大小的滚动窗口，这样就可以同时看到主影像窗口。在改变了大小的滚动窗口中，使用鼠标左键，移动主影像指示矩形框，查看主影像窗口中出现的地图要素。

（3）在"♯1 Annotation:Text"对话框中点击并按住"Object"菜单，可以查看用来注记地图的对象。

第六步：将结果保存为ENVI的影像文件格式

（1）在主影像窗口中选择菜单命令"File→Save Image As→Image File"，打开"Output Display to Image File"对话框。在该对话框中选择"Output File Type"的下拉式按钮（默认情况下文件类型设置为ENVI），查看可用的不同格式。点击"Change Graphics Overlay Selections"按钮可以打开同名的对话框，允许添加或删除许多制图叠合选项（Graphics Options），包括注记和公里网。点击"Change Image Border Size"按钮也可以打开同名的对话框,允许改变顶部、底部、左边和右边的边框宽度,也可以改变边框的颜色。

操作提示:如果带注记和公里网的彩色影像已经显示在显示窗口中,那么注记和公里网都将自动地列在制图叠合选项中,同时也可以选择其他要叠置在输出影像上的注记文件。

(2)可以通过选择"Memory"将结果保存在内存中或者选择"File"单选按钮将结果保存为磁盘文件。选择"Memory",点击"OK"按钮,输出影像。

(3)新生成的影像文件自动列在可用波段列表中。在可用波段列表中点击"Display #1"下拉式按钮,从菜单中选择"New Display",打开新的显示窗口。

(4)选择"RGB Color"单选按钮,要将影像从内存中加载到显示窗口,可以连续选择R、G和B(带地理坐标的SPOT数据)3个波段。点击"Load RGB"按钮,添加注记后的影像并作为一幅栅格图显示出来。

2. 影像到影像的配准

该实验主要完成影像到影像的配准处理过程。带有地理坐标的SPOT影像被用作基准影像,Landsat TM影像将被进行校正,以匹配该SPOT影像的地理坐标。

第一步:打开并显示 Landsat TM 影像文件

(1)从 ENVI 主菜单中选择菜单命令"File→Open Image File",打开"Enter Data Filenames"对话框。在该对话框中选择实验数据文件"bldr_tm.img",点击"Open"按钮,把Landsat TM影像和SPOT影像加载到可用波段列表中。

(2)在列表中选中TM影像波段3,点击"No Display"按钮,并从下拉式菜单中选择菜单命令"New Display",点击"Load Band"按钮,将Landsat TM第3波段的影像加载到新的显示窗口中。在列表中选中SPOT影像,点击"Display #1"按钮,并从下拉式菜单中选择菜单命令"New Display",点击"Load Band"按钮,将SPOT影像加载到新的显示窗口中。

第二步:显示光标位置/值

(1)从主影像窗口菜单栏中选择菜单命令"Tools→Cursor Location/Value",打开命令的对话框,如图2-4所示;也可以从ENVI主菜单和主影像窗口菜单栏中,选择菜单命令"Window→Cursor Location/Value",完成该操作。

(2)在影像中移动光标,查看特定位置的坐标值。

操作提示:可以注意到坐标是以像素单位给出的,这是因为这个影像是基于像素坐标的,它不同于上面带有地理坐标的SPOT影像。

第三步:影像配准并加载地面控制点

(1)从 ENVI 主菜单栏中选择菜单命令"Map→Registration→Select GCPs:Image to Image",打开"Image to Image Registration"对话框。在该对话框中点击并选择"Display #2"(SPOT影像)作为"Base Image";点击"Display #1"(Landsat TM影像)作为"Warp Image"。

(2)在"Image to Image Registration"对话框中,点击"OK"按钮,打开"Ground Control Points Selection"对话框,如图3-4所示,启动配准程序。通过将光标放置在两幅影像的相同地物点上来添加地面控制点对。

操作提示:在缩放窗口中支持亚像元(Sub-pixel)级的定位。缩放比例越大,地面控制点定位的精度就越高。

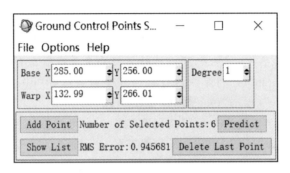

图 3-4 用来进行影像到影像配准的"Ground Control Points Selection"对话框

（3）在"Ground Control Points Selection"对话框中点击"Add Point"按钮，把当前地面控制点添加到列表中。点击"Show List"按钮查看地面控制点列表。尝试选择几个地面控制点找到选择地面控制点的感觉。

操作提示：对话框列出了实际影像点和预测点的坐标，一旦选择了至少 4 个地面控制点后，RMS 误差就会显示出来。

（4）在"Ground Control Points Selection"对话框中选择菜单命令"Options→Clear All Points"，可以清除所有已选择的地面控制点。

（5）在"Ground Control Points Selection"对话框中选择菜单命令"File→Restore GCPs from ASCII"，打开"Enter Ground Control Points Filename"对话框，在该对话框中选择实验数据文件"bldr_tm.pts"，然后点击"OK"按钮，加载预先保存过的地面控制点坐标。

（6）点击"Show List"按钮，打开"Image to Image GCP List"对话框，在对话框中点击单独的地面控制点。查看两幅影像中相应地面控制点的位置、实际影像点和预测点的坐标以及RMS 误差（RMS Error），如图 3-5 所示。调整对话框的大小，观察"Ground Control Points Selection"对话框中所列的合计 RMS 误差。

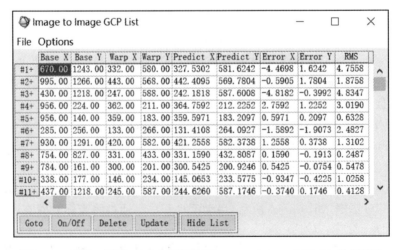

图 3-5 影像到影像配准中所用的"Image to Image GCP List"对话框

第四步：操作处理地面控制点

(1)在"Image to Image GCP List"对话框中选择相应的地面控制点，然后在"Ground Control Points Selection"对话框中进行修改，编辑单个控制点的坐标位置。

操作提示：可以通过输入一个新的像素坐标，或使用对话框中的方向箭头逐像素地移动坐标位置。

(2)在"Image to Image GCP List"对话框中点击"On/Off"按钮，屏蔽所选择的地面控制点。这样在校正模型和RMS误差计算中都将不会考虑该地面控制点坐标。这些地面控制点并没有被真正地删除，仅仅是被忽略掉了，可以使用"On/Off"按钮重新激活这些地面控制点。

(3)在"Image to Image GCP List"对话框中点击"Delete"按钮，可以从列表中删除一个地面控制点。

(4)在两个缩放窗口中调整光标位置，然后点击"Image to Image GCP List"对话框中的"Update"按钮，更新所选地面控制点，将其修改到当前光标的所在位置。

(5)在"Image to Image GCP List"对话框中点击"Predict"按钮，允许对新的地面控制点进行预测，该预测以当前校正模型为基础。

第五步：操作处理地面控制点校正影像

ENVI既可以校正显示的影像波段，也能同时校正多波段影像中的所有波段。这里我们仅对已显示的波段进行校正。

(1)从"Ground Control Points Selection"对话框中选择菜单命令"Options→Warp Displayed Band"，打开"Registration Parameters"对话框，如图3-6所示。

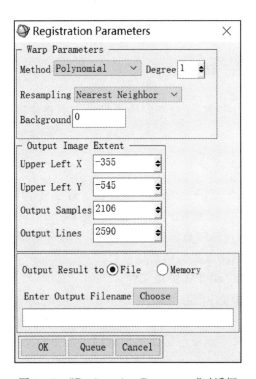

图3-6 "Registration Parameters"对话框

（2）在"Registration Parameters"对话框中点击下拉列表框"Warp Method"选择 "RST"校正方法，点击下拉列表框"Resampling"分别选择"Nearest Neighbor""Biliner"和"Cubic Convolution"3 种重采样方法，再指定输出结果保存的路径并设置文件名分别为"bldr_tm1""bldr_tm2"和"bldr_tm3"，点击"OK"按钮，进行影像到影像的配准。

（3）重复上一个步骤，这一次，点击下拉列表框"Resampling"选择"Cubic Convolution"重采样法，点击下拉列表框"Warp Method"分别选择多项式"Polynomial"校正方法和 Delaunay 三角网的"Triangulation"校正法，将结果分别输出到"bldr_tm4"和"bldr_tm5"文件中。

第六步：使用动态链接来比较校正结果

（1）在可用波段列表中选择菜单命令"File→Close Selected File"来关闭影像文件"bldr_tm.img"。

（2）在可用波段列表中选择"bldr_tm1"文件，在 Display ♯ 下拉式按钮中选择"New Display"，点击"Load Band"按钮将该文件加载到一个新的显示窗口中。

（3）在主影像窗口中点击鼠标右键，选择菜单命令"Tools→Link→Link Displays"，打开"Link Displays"对话框。在该对话框中点击"OK"按钮，把 SPOT 影像和已添加了地理坐标的 TM 影像链接起来。并在主影像显示窗口中点击鼠标左键，使用动态链接功能，对 SPOT 影像和 TM 影像进行比较。

（4）使用影像动态链接功能，分别比较采用 3 种不同的重采样法（最近邻法、双线性内插法和三次卷积法）和采用 3 种不同校正方法所产生的配准结果。

操作提示：使用最近邻法重采样的影像中存在锯齿状像素，而使用双线性内插法重采样的影像看起来更加平滑，使用三次卷积法重采样的影像是最好的结果，不但有平滑效果，而且保持了影像的细节特征。

第七步：查看地图坐标

（1）从主影像窗口菜单栏中选择菜单命令"Tools→Cursor Location/Value"，打开"Cursor Location/Value"对话框。

（2）浏览带地理坐标的数据集，注意不同的重采样方法和校正方法对地图坐标值所产生的效果。

3. 影像到地图的配准

该部分将逐步演示影像到地图的配准处理过程。许多步骤同影像到影像的配准步骤相似，因此这些步骤将不会被详细地讨论。从带地理坐标的 SPOT 影像中获取的地图坐标以及一个矢量的数字线划图（DLG）都将被作为基准数据，然后对基于像素坐标的 Landsat TM 影像进行校正，以匹配相应的地图数据。

第一步：打开并显示 Landsat TM 影像文件

（1）从 ENVI 主菜单中选择菜单命令"File→Open Image File"，打开"Enter Data Filenames"对话框。在该对话框中选择影像"bldr_tm.img"，点击"OK"按钮，TM 影像波段被加载到可用波段列表中，同时一幅彩色影像被加载到一个新的显示窗口中。

（2）在可用波段列表中点击"Gray Scale"按钮，选择波段 3；再点击"Load Band"按钮，把 TM 影像的第 3 波段加载到已打开的显示窗口中。

第二步：选择影像到地图的配准并恢复控制点坐标

（1）从 ENVI 主菜单中选择菜单命令"Map→Registration→Select GCPs：Image to Map"，打开"Image to Map Registration"对话框。从投影列表中选择"UTM"，并在文本框"Zone"中输入 13；设置像素大小为 30 m，点击"OK"按钮，启动配准程序。

（2）打开"Ground Control Points Selection"对话框，如图 3-7 所示，"E"（东向）和"N"（北向）文本框中，可以手动输入已知的地图坐标，点击"Add Point"按钮添加新的地面控制点。

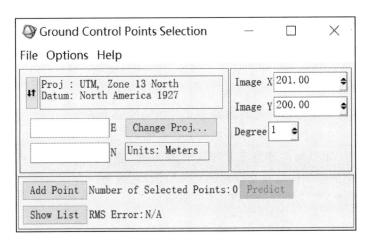

图 3-7　用来进行影像到地图配准的"Ground Control Points Selection"对话框

（3）在"Ground Control Points Selection"对话框中选择菜单命令"File→Restore GCPs from ASCII"，打开"bldr_imgtomap.pts"文件。在"Ground Control Points Selection"对话框中点击"Show List"按钮。可以在"Image to Map GCP List"对话框中查看影像的地图坐标、实际影像点和预测点的坐标以及 RMS 误差，如图 3-8 所示。

	Map X	Map Y	Image X	Image Y	Predict X	Predict Y	Error X	Error Y	RMS
#1+	475784.00	4439860.00	300.00	201.00	300.4655	201.1557	0.4655	0.1557	0.4909
#2+	477244.00	4428560.00	420.00	582.00	420.5600	582.1434	0.5600	0.1434	0.5780
#3+	475484.00	4433200.00	331.00	433.00	330.8741	432.8118	-0.1259	-0.1882	0.2264
#4+	471324.00	4439700.00	146.00	234.00	145.9424	233.9787	-0.0576	-0.0213	0.0614
#5+	472314.00	4429290.00	245.00	587.00	244.5975	587.1565	-0.4025	0.1565	0.4319
#6+	468624.00	4427980.00	124.00	655.00	124.3474	654.9718	0.3474	-0.0282	0.3485
#7+	477424.00	4439980.00	357.00	187.00	356.9140	186.9758	-0.0860	-0.0242	0.0893
#8+	477954.00	4437480.00	391.00	270.00	390.6876	269.9972	-0.3124	-0.0028	0.3124
#9+	477274.00	4433690.00	390.00	405.00	390.1946	404.9406	0.1946	-0.0594	0.2035
#10+	474914.00	4429880.00	332.00	551.00	331.4168	550.8684	-0.5832	-0.1316	0.5978

图 3-8　影像到地图配准中所用的"Image to Map GCP List"对话框

第三步：使用矢量显示的数字线划图（DLGs）来添加地图控制点

（1）从 ENVI 主菜单中选择菜单命令"File→Open Vector File"，在打开的"Select Vector Filenames"对话框中选择文件类型"USGS DLG"，在文件选择对话框中选择"bldr_rd.dlg"文件。在打开的"Import Optional DLG File Parameters"对话框中选择"Memory"单选按钮，点击"OK"按钮，读入所需的数字线划图（DLG）数据。

（2）在打开的对话框的可用矢量列表中高亮选择"ROADS AND TRAILS：BOULDER，CO"文件，点击"Load Selected"按钮。在打开的"Load Vector"对话框中点击"New Vector Window"按钮，把该矢量加载到一个新的矢量显示窗口中。

（3）在弹出的"Vector Window #1"窗口中点击并拖曳鼠标左键，激活一个十字形光标。光标处的地图坐标会在"Vector Window #1"窗口的底部列出。

（4）在主影像显示窗口中选择菜单命令"Tools→Pixel Locator"，并输入 402 和 418，然后点击"Apply"按钮，将影像光标移动到道路交叉口相应的点上去。

操作提示：注意，在缩放窗口中同样可以获取亚像元（Sub-pixel）级的定位精度。

（5）在矢量窗口中用鼠标左键点击并拖曳矢量光标，当十字形光标位于所需的道路交叉口时，松开鼠标左键，把矢量光标放置在道路的交叉口上，它的坐标为 477609.910E，4433505.160N（北纬 40°12′18″，西经 105°15′45″），如图 3-9 所示。

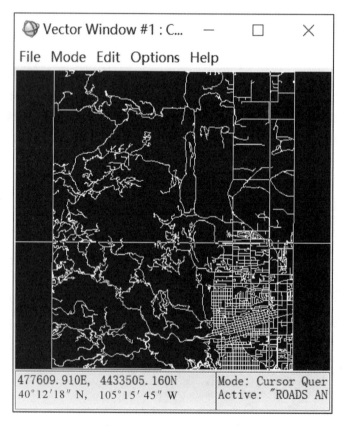

图 3-9 带十字形光标的矢量窗口，并且显示出了地图坐标

(6) 在矢量窗口中点击鼠标右键,并从弹出的快捷菜单中选择"Export Map Location",新的地图坐标就会出现在"Ground Control Points Selection"对话框中。在"Ground Control Points Selection"对话框中点击"Add Point"按钮,添加该地图坐标/影像像素对,并观察 RMS 误差的变化。

第四步:RST 和三次卷积校正

(1) 在"Ground Control Points Selection"对话框中选择菜单命令"Options→Warp File"。在打开的"Input Warp Image"对话框中高亮选择文件名"bldr_tm.img",点击"OK"按钮,对 TM 的 6 个波段进行校正。

(2) 在打开的"Registration Parameters Dialog"对话框中,将"Warp Method"选为"RST",将"Resampling"设置为"Cubic Convolution",把"Background"值改为 255,在"Output File"文本框中输入输出文件名。点击"OK"按钮,开始进行影像到地图的校正,参数设置如图 3-10 所示。

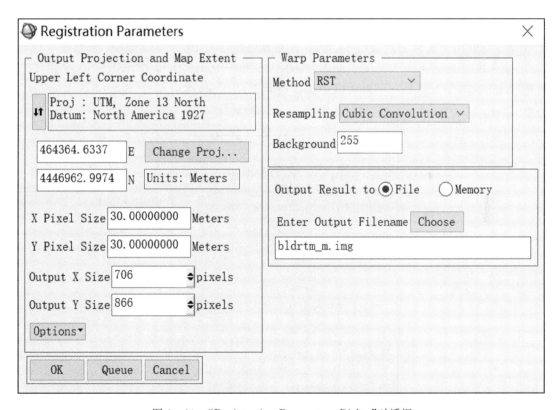

图 3-10 "Registration Parameters Dialog"对话框

第五步:显示结果并使用光标位置/值来对校正后的彩色影像进行评价

(1) 在可用波段列表中点击"RGB"单选按钮,接着点击校正影像的波段 4、波段 3 和波段 2(作为 RGB)。

(2) 从"Display #"下拉式菜单按钮中选择"New Display"。点击"Load RGB"按钮,来加载这幅校正后的 TM 彩色影像。

操作提示：注意到校正影像是倾斜的，这是由于消除了 Landsat TM 轨道方向影响的原因。此时这个影像已经带有地理坐标，但应注意它的空间分辨率是 30m，而 SPOT 影像的分辨率为 10m。

第六步：关闭所选的文件

(1) 在可用波段列表中点击其他的文件名，然后在"Available Bands List"面板中选择菜单命令"File→Close Selected File"来关闭这些影像。在"Vector Window Parameters #1"和"Vector Window #1"对话框中选择菜单命令"File→Cancel"来关闭这两个窗口。

(2) 在可用波段列表中选择菜单命令"File→Cancel"来关闭该对话框。在"Ground Control Points Selection"对话框中选择菜单命令"File→Cancel"来关闭对话框。如果需要，保存地面控制点。

4. 图像裁剪

1) 规则分幅裁剪

(1) 在 ENVI 主菜单中，选择菜单命令"File→Open External File→Landsat→Geotiff with Metadata"，打开用于实验的武汉市 Landsat 元数据文件"p123r039_5x19910719.met"。

(2) 在 ENVI 主菜单中选择菜单命令"Basic Tools→Resize Data (Spatial/Spectral)"。在打开的"Resize Data Input File"对话框中选择待裁剪的图像，然后点击"Spatial Subset"按钮，将打开"Select Spatial Subset"对话框，如图 3-11 所示。

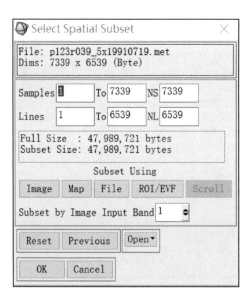

图 3-11 "Select Spatial Subset"对话框

(3) 在"Select Spatial Subset"对话框中，利用以下多种方式进行裁剪。

在"Samples"和"Lines"标签中手动输入起始、终止行列号或区域大小确定裁剪范围。

点击"Image"按钮，将打开"Subset by Image"对话框，如图 3-12 所示，在图中拖动鼠标改变矩形区域的大小和位置，矩形区域大小将在"Samples"和"Lines"标签中显示。

(4) 单击"OK"按钮，选择输出路径和文件名，完成规则分幅裁剪过程。

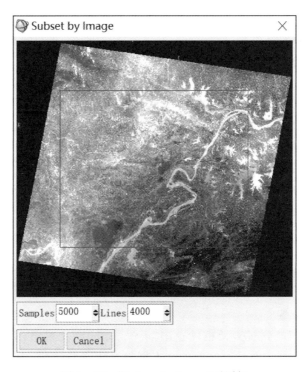

图 3-12 "Subset by Image"对话框

2)不规则分幅裁剪

(1)在 ENVI 主菜单中选择菜单命令"File→Open External File→Landsat→Open External File→Geotiff with Metadata",打开用于实验的武汉市 Landsat 元数据文件"p123r039_5x19910719.met",在 ENVI 主菜单中选择"File→Open Vector File",在打开的"Select Vector Filenames"对话框中的文件类型选择"Shapefile"打开武汉中心城区矢量文件"wuhan.shp",输出文件结果选择"Memory",点击"OK"按钮,在打开的"Available Vectors Lists"对话框中选择"wuhan.shp"文件,点击"Load Selected"。

(2)在 ENVI 主菜单中选择菜单命令"Basic Tools→Subset Data via ROIs",在打开的"Select Input File to Subset via ROI"面板中选择"p123r039_5x19910719.met",单击"OK"按钮。

(3)在弹出的"Spatial Subset via ROI Parameters"面板中设置以下参数。

Select Input ROIs(在 ROI 列表中):选择矢量文件"wuhan.shp"。

Mask pixels outside of ROI?(是否掩膜多边形外的像元):选择 Yes。

Mask Background Value(裁剪背景值):0。

(4)选择输出路径及文件名,单击"OK"按钮,裁剪图像。

操作提示:裁剪功能在很多的处理过程中都可以启动(出现"Spatial Subset"按钮时),如果使用矢量文件进行裁剪,在打开并加载矢量文件的前提下,点击"Spatial Subset"按钮,将打开"Select Spatial Subset"对话框,"Subset Using"选择"RIO/EVF",打开"Subset Image by ROI/EVF Extent"对话框,选择矢量文件,点击"OK"按钮。

5. 图像镶嵌

1)基于像素的图像镶嵌

第一步:启动图像镶嵌工具

(1)在 ENVI 主菜单中选择菜单命令"Map→Mosaicking→Pixel Based",打开"Pixel Based Mosaic"对话框。

(2)在 ENVI 主菜单中选择菜单命令"File→Open Image File",打开"dv06_2.img"和"dv06_3.img"文件。

第二步:加载镶嵌图像

(1)在"Pixel Based Mosaic"对话框中选择菜单命令"Import→Import Files",在打开的"Mosaic Input Files"对话框中选择相应的镶嵌文件导入。

(2)在打开的"Select Mosaic Size"对话框中的"X Size"中输入 614,"Y Size"中输入 1024,指定镶嵌影像的大小。

操作提示:在指定镶嵌影像的大小时可以通过将所有镶嵌图像的行列数相加,得到一个大概的范围。

第三步:调整图像位置

(1)在"Pixel Based Mosaic"对话框中点击"dv06_3.img"文件名,影像当前左上角点的位置就会以像素值为单位,列在对话框底部的文本框中。

(2)在"Pixel Based Mosaic"对话框的下方设置 X0 和 Y0 像素值,调整图像位置;在图像窗口中单击并按住鼠标左键,拖曳所选图像到所需的位置。

操作提示:如果镶嵌区域大小不适合,选择菜单命令"Options→Change Mosaic Size",可重新设置镶嵌区域大小。

第四步:图像重叠设置

(1)在"Pixel Based Mosaic"对话框的镶嵌区域中,用鼠标右键点击影像♯1的红色轮廓框,在弹出的快捷菜单中选择"Edit Entry",打开"Entry:filename"对话框。

(2)在"Data Value to Ignore"文本框中输入 0,在"Feathering Distance"文本框中输入 10,如图 3-13 所示,点击"OK"按钮。

第五步:颜色平衡设置

(1)首先确定一个图像作为基准,在文件列表中选择这个图像,单击鼠标右键在弹出的快捷菜单中选择"Edit Entry",打开"Entry:filename"对话框。

(2)在"Entry:filename"对话框中将"Mosaic Display"设置为"RGB",并选择波段合成 RGB 图像显示。设置"Color Balancing"参数为"Fixed",作为基准图像。

(3)用同样的方法对其他图像文件进行设置,选择"Color Balancing"参数为"Adjust"。

第六步:输出结果

在"Pixel Based Mosaic"对话框中选择菜单命令"File→Apply",在打开的"Mosaic Parameters"对话框中设置输出路径和文件名,点击"OK"按钮,生成镶嵌影像文件。

操作提示:上述 6 个步骤中,第四步、第五步是可选项,可根据实际情况选择。

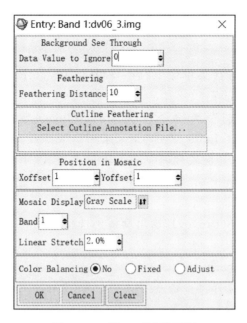

图 3-13 "Entry"参数面板

2)基于地理坐标的图像镶嵌

第一步:启动图像镶嵌工具加载镶嵌图像

(1)在 ENVI 主菜单中选择菜单命令"Map→Mosaicking→Georeferenced",打开"Map Based Mosaic"对话框并开始进行 ENVI 基于地理坐标的镶嵌操作。

(2)从 ENVI 主菜单中选择菜单命令"File→Open Image File",打开"lch_01w.img"和"lch_02w.img"文件。

(3)从"Map Based Mosaic"对话框中选择菜单命令"Import→Import Files",在打开的"Mosaic Input Files"对话框中选择相应的镶嵌文件导入。

第二步:图像重叠设置

(1)在"Map Based Mosaic"对话框的镶嵌区域中用鼠标右键点击"影像♯1"的红色轮廓框,在弹出的快捷菜单中选择"Edit Entry",打开"Entry:filename"对话框。

(2)在"Data Value to Ignore"文本框中输入 0,在"Feathering Distance"文本框中输入 10,点击"OK"按钮。

第三步:颜色平衡设置

(1)首先确定一个图像作为基准,在文件列表中选择这个图像,在单击鼠标右键弹出的快捷菜单中选择"Edit Entry",打开"Entry:filename"对话框。

(2)在"Entry:filename"对话框中将"Mosaic Display"设置为"RGB",并选择波段合成 RGB 图像显示。设置"Color Balancing"参数为"Fixed",作为基准图像。

(3)用同样的方法对其他图像文件进行设置,选择"Color Balancing"参数为"Adjust"。

第四步:输出结果

在"Map Based Mosaic"对话框中选择菜单命令"File→Apply",在打开的"Mosaic Parameters"对话框中设置输出路径和文件名,点击"OK"按钮,生成镶嵌影像文件。

6. 图像融合

1）Brovey 融合

（1）从 ENVI 主菜单中选择菜单命令"File→Open Image File"，打开要融合的两个文件"TM-30m.dat"和"bldr_sp.dat"。

（2）从 ENVI 主菜单中选择菜单命令"Transform→Image Sharpening→Color Normalized (Brovey)"，在打开的"Select Input RGB"对话框中，"Select Input for Color Bands"选择"Available Bands List"，从可用波段列表中选择 R、G、B 波段，单击"OK"按钮。

（3）在打开的"High Resolution Input File"对话框中选择高分辨率波段"bldr_sp.dat"，单击"OK"按钮。

（4）在"Color Normalized(Brovey)"输出面板中选择重采样方式和输出文件路径及文件名，单击"OK"按钮，输出结果。

2）Gram-Schmidt Pan Sharpening 融合

（1）从 ENVI 主菜单中选择菜单命令"File→Open Image File"，打开要融合的两个文件"qb_boulder_msi"和"qb_boulder_pan"。

（2）从 ENVI 主菜单中选择菜单命令"Transform→Image Sharpening→Gram-Schmidt Pan Sharpening"。

（3）在打开的"Select Low Spatial Resolution Multi Band Input File"对话框中选择低分辨率多光谱图像"qb_boulder_msi"，点击"OK"按钮；在"Select High Spatial Resolution Pan Input Band"对话框中选择高分辨率单波段图像"qb_boulder_pan"，点击"OK"按钮。

（4）在打开的"Gram-Schmidt Spectral Sharpen Parameters"对话框中（图 3-14），"Select Method for Low Resolution Pan"选择"Create By Sensor Type"，设置以下参数。

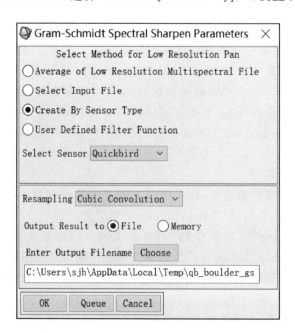

图 3-14 "Gram-Schmidt Spectral Sharpen Parameters"对话框

选择传感器类型(Select Sensor):Quickbird。

选择重采样方法(Resampling):Cubic Convolution。

(5)设置输出文件路径和文件名,单击"OK"按钮,输出结果。

操作提示:当输入多光谱和全色图像的传感器不一致时,Sensor 选择为 Unknown。

六、实验任务

(1)下载数据:本章实验任务所使用的影像数据为 2005 年和 2016 年武汉市遥感影像,需自行在网上下载。数据下载要求:①云量小,图面清晰;②月份尽可能相近,以夏季为宜;③数据类型分别为 2005 年 Landsat 4-5 TM 卫星影像和 2016 年 Landsat 8 OLI_TIRS 卫星影像。

(2)图像裁剪、镶嵌:按照武汉市行政区划范围分别对 2005 年和 2016 年武汉市遥感影像进行裁剪,将三景影像镶嵌成一幅完整的武汉市影像。

操作提示:武汉市行政区范围共涉及三景 Landsat 卫星影像。

(3)图像融合:对 2016 年 Landsat 8 OLI 武汉市遥感影像分别采用 Brovey 方法、HSV 方法和 GS 方法进行多波段与全色波段的融合处理,并通过目视解译选择效果最佳的融合图像作为最终结果。

操作提示:HSV 方法需要先对影像进行拉伸并转换成 byte 类型。

(4)实验结果:将上述实验结果存储为"img"格式,文件命名为"x_任务名称.img"。显示实验结果,并将图像存储为"jpg"格式,文件命名为"x_任务名称.jpg"。将所有文件存储在自定义的目录中。

第四章　多光谱遥感图像处理

一、实验目的

掌握运用多光谱遥感图像差值运算、比值运算、波段组合等图像增强、辐射增强的原理、方法和操作技巧，加深对图像增强处理的理解，为后续的遥感应用和遥感信息建模打下良好的基础。

二、实验内容

本实验主要涉及遥感图像处理中多光谱图像差值运算、比值运算、植被指数、主成分分析、缨帽变换（穗帽变换）和波段组合增强的相关功能，通过实验进一步掌握这类处理的理论原理。

三、实验数据文件

实验数据文件见表 4-1。

表 4-1　实验数据文件

文件	描述
p123r039_5dt19910719_z49_10.tif	Landsat TM 5 第一波段
p123r039_5dt19910719_z49_20.tif	Landsat TM 5 第二波段
p123r039_5dt19910719_z49_30.tif	Landsat TM 5 第三波段
p123r039_5dt19910719_z49_40.tif	Landsat TM 5 第四波段
p123r039_5dt19910719_z49_50.tif	Landsat TM 5 第五波段
p123r039_5dt19910719_z49_60.tif	Landsat TM 5 第六波段
p123r039_5dt19910719_z49_70.tif	Landsat TM 5 第七波段
p123r039_5x19910719.met	Landsat 元数据文件

四、实验原理

Band Ratios 工具用于增强波段之间的波谱差异，减少地形的影响。差值运算是指两幅同样大小的图像对应像元的灰度值相减。当差值运算应用于两个波段时，运算后的图像反映了同一地物在这两个波段的反射率之差。不同地物的反射率差值不同，在差值图像上，差值大的地物得到突出,从而被识别。差值运算还可以监测同一区域在一段时间内的动态变化。比值运算是指两个不同波段的图像对应像元的灰度值相除(除数不可为0)。该运算通过增强波段间的波谱差异来去除地形坡度和方向引起的辐射量变化,在一定程度上消除同物异谱现象。ENVI能以浮点型数据格式(系统默认)或字节型数据格式输出波段差值和比值图像。同时,可以将3个差值或比值图合成一幅彩色图像,用于判定每个像元波谱曲线的大致形状。若要计算差值,必须输入一个"被减数"波段和一个"减数"波段,差值是被减数与减数的差值;若要计算波段比,必须输入一个"分子"波段和一个"分母"波段,波段比是分子与分母的比值。ENVI能够核查分母为0的错误,并将它们的值设置为0。ENVI允许计算多个差值或比值,并在一个文件中将它们作为多波段输出。

根据地物光谱反射率的差异作比值运算,可以突出多光谱遥感图像中植被的特征、提取植被类别或估算绿色生物量,通常把能够提取植被的算法称为植被指数。ENVI提供了NDVI(Normalized Difference Vegetation Index)选项,可以将多光谱数据变换为一幅单波段图像,用于显示植被分布。NDVI值表示像元中绿色植被的数量,它的范围在-1和+1之间,较高的NDVI值显示包含较多的绿色植被。ENVI已经为AVHRR、Landsat MSS、Landsat TM、SPOT、AVIRIS等传感器遥感数据提前设置好了计算植被指数的相应波段,对于其他传感器获取的遥感数据,可以按照植被指数的含义来自定义波段进行计算NDVI值。

主成分变换(Principal Component Analysis,PCA)又称K-L(Karhunen-Loeve)变换或霍特林(Hotelling)变换,是基于变量之间的相关关系,在尽量不丢失信息前提下的一种线性变换的方法,主要用于数据压缩和信息增强。缨帽变换(又称K-T变换)是一种特殊的主成分分析,与主成分分析不同的是它的转换系数是固定的,因此它独立于单个图像,不同图像产生的土壤亮度和绿度可以互相比较。ENVI提供了Principal Components选项来生成互不相关的输出波段,用于隔离噪声和减少数据的维数。由于多波段数据经常是高度相关的,主成分变换寻找一个原点在数据值的新的坐标系统。通过坐标轴的旋转来使数据的方差达到最大,从而生成互不相关的输出波段。同时,ENVI也提供了Tassled Cap选项对Landsat MSS、Landsat TM或ETM+数据进行缨帽变换。对于Landsat MSS数据,缨帽变换对原始数据进行正交变换,把它们变换到一个四维空间中。对于Landsat TM数据,缨帽变换指数由3个因子组成:亮度(Brightness)、绿度(Greenness)和第三分量(Third)。第三分量与土壤特征和湿度有关。对于Landsat ETM+数据,缨帽变换生成6个输出波段,包括亮度(Brightness)、绿度(Greenness)、湿度(Wetness)、第四分量(噪声)、第五分量和第六分量。这种变换更适用于反射数据的定标(而不是应用于原始数据图像)。

根据不同的用途选择不同波长范围内的波段作为RGB分量来合成RGB彩色图像,如经常用到的自然彩色图像、标准假彩色图像和模拟真彩色图像等。不同的波段组合显示可以增强不同地物,表4-2是在长期实践中总结得出的Landsat TM不同波段合成对地物增强的效果。其他传感器的波段合成效果可以根据波段中心波长对应Landsat TM波段来合成。RGB彩色图像中的RGB不仅可以是原始波段,有时为了让特定地物与背景形成很大的反差,可以加入其他信息作为RGB中的分量,如植被指数、矿物指数等。

表 4-2　Landsat TM 波段合成说明

RGB 组合	类型	特点
3、2、1	真彩色图像	用于各种地类识别。图像平淡、色调灰暗、彩色不饱和、信息量相对较少
4、3、2	标准假彩色图像	地物图像丰富,色彩鲜明、层次好,用于植被分类、水体识别,植被显示为红色
7、4、3	模拟真彩色图像	用于居民地、水体识别
7、5、4	非标准假彩色图像	画面偏蓝色,用于特殊的地质构造调查
5、4、1	非标准假彩色图像	植物类型较丰富,用于研究植物分类
4、5、3	非标准假彩色图像	①利用了一个红波段、两个红外波段,因此凡是与水有关的地物在图像中都会比较清楚,特别是水体边界很清晰,有利于区分河渠与道路,但对其他地物的显示不够清晰;②具备标准假彩色图像的某些特点但色彩不会很饱和,图像看上去不够明亮;③居民地的外围边界虽不十分清晰,但内部的街区结构特征清楚;④植物会有较好的显示,但是植物类型的细分有困难
3、4、5	非标准接近于真色的假彩色图像	对水系、居民点及市容街道和公园水体、林地的图像判读比较有利

五、实验步骤

在 ENVI 主菜单中,选择菜单命令"File→Open External File→Landsat→Geotiff with Metadata",打开用于实验的元数据文件"*.met"。

1. 差值运算

(1) 从 ENVI 主菜单中选择菜单命令"Basic Tools→Band Math",打开"Band Math"对话框,在"Enter an expression"编辑框中输入图像差值运算表达式"B3—B4",表达式中的波段变量只能以 B(b)加标号表示,如图 4-1 所示,点击对话框中的"Add to List"按钮,再点击"OK"按钮,打开"Variables to Band Pairings"对话框。

(2) 在"Variables to Band Pairings"对话框中,在"Available Band List"可用波段列表中指定波段变量对应的遥感影像波段,再指定输出结果保存的路径和文件名,点击"OK"按钮,生成差值影像。

(3) 在"Available Band List"可用波段列表中用灰度模式(Gary Scale)打开生成的差值影像,比较它与处理前的两个影像的差异。

2. 比值运算

(1) 从 ENVI 主菜单中选择菜单命令"Transform→Band Ratio",打开"Band Ratio Input Bands"对话框,如图 4-2 所示。在该对话框中选择实验数据文件的两个波段分别作为分子波段(Numerator)和分母波段(Denominator)。

第四章 多光谱遥感图像处理

图 4-1 "Band Math"对话框

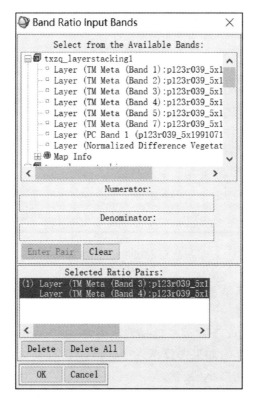

图 4-2 "Band Ratio Input Bands"对话框

(2)在"Band Ratio Input Bands"对话框中点击"Enter Pair"按钮,位于按钮下方的列表框"Selected Ratio Pairs"出现用户自定义的比值运算表达式。

(3)在列表框"Selected Ratio Pairs"中选择合适的比值运算表达式,点击"OK"按钮,打开"Band Ratios Parameters"对话框。

(4)在"Band Ratios Parameters"对话框中可以对比值结果进行空间裁剪,再指定输出结果保存的路径和文件名,并设定输出结果的数据类型,点击"OK"按钮,生成比值影像。

操作提示:为了提高图像运算的精度,比值运算时波段变量的类型最好设为浮点型。

3. 植被指数

(1)从 ENVI 主菜单中选择菜单命令"Transform→NDVI",打开"NDVI Calculation Parameters"对话框,如图 4-3 所示。在该对话框中,通过点击"Input File Type"下拉菜单,指定输入的文件类型(TM、MSS、AVHRR 等),用于计算 NDVI 的波段将被自动导入到"Red"和"Near IR"文本框中。

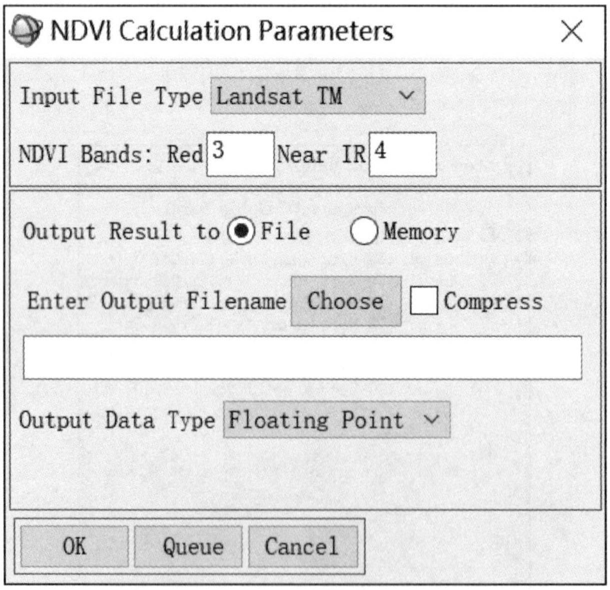

图 4-3 "NDVI Calculation Parameters"对话框

操作提示:要计算下拉菜单中没有列出的传感器类型的 NDVI,在"Red"和"Near IR"文本框中输入所需的波段数。

(2)用"Output Data Type"下拉菜单选择输出类型(字节型或浮点型),如果选择字节型输出,NDVI 最小值将被设置为 0;如果选择浮点型输出,NDVI 最大值将被设置为 255。选择输出到"File"或"Memory",点击"OK"按钮。

操作提示:在求取 NDVI 过程中,将出现一个进程显示窗口,变换完毕后,ENVI 将把 NDVI 波段导入到"Available Band List"可用波段列表中。

4. 主成分变换

（1）从 ENVI 主菜单中选择菜单命令"Transforms→Principal Components→Forward PC Rotation→Compute New Statistics and Rotate"，打开"Principal Components Input File"对话框。

（2）在"Principal Components Input File"对话框中点击输入实验数据文件（包含 6 波段的），点击"OK"按钮，打开"Forward PC Parameters"对话框，如图 4-4 所示。

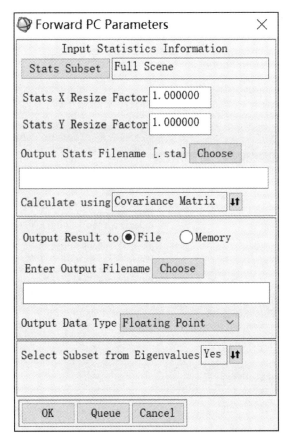

图 4-4 "Forward PC Parameters"对话框

（3）在"Forward PC Parameters"对话框中的"Stats X/Y Resize Factor"文本框中输入小于或等于 1 的调整系数，用于计算统计值时的数据二次采样，它的默认值为 1；设定输出统计路径及文件名，并使用箭头切换按钮选择根据协方差矩阵（Covariance Matrix）或相关系数矩阵（Correlation Matrix）来计算主成分波段；在"Caculate Using"选项中选择协方差矩阵（Covariance Matrix），再指定输出结果保存的路径和文件名，并设定输出结果的数据类型。

（4）点击"Forward PC Parameters"对话框中"Select Subset from Eigenvalues"标签附近的上下箭头按钮，若选择"Yes"，表示通过检查特征值，选择输出的 PC 波段数；若选择"No"，表示用户通过输入数字或用"Number of Output PC Bands"标签附近的按钮来自定义主成分变换的输出波段数。默认的输出波段数等于输入的波段数。点击对话框中的"OK"按钮,开始进行主成分变换。

操作提示:当主成分变换处理完毕,将出现"PC EigenValues"绘图窗口,主成分变换后的波段也同时被导入"Available Bands List"可用波段列表中。

5. 缨帽变换

(1)从 ENVI 主菜单中选择菜单命令"Transforms→Tassled Cap",打开"Tasseled Cap Transform Input File"对话框,如图 4-5 所示。在该对话框中选择输入实验数据文件,点击"OK"按钮,打开"Tasseled Cap Transform Parameters"对话框。

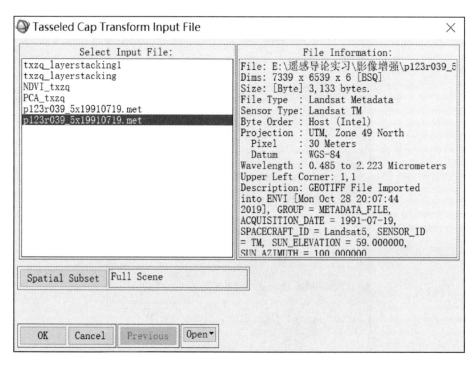

图 4-5 "Tasseled Cap Transform Input File"对话框

(2)在"Input File Type"按钮菜单中选择"Landsat TM""Landsat MSS"或"Landsat 7 ETM"。再选择输出到"File"或"Memory",点击"OK"按钮。

操作提示:在进行缨帽变换过程中,将出现一个进程显示窗口,变换完毕后,ENVI 将把缨帽变换的结果导入到"Available Band List"可用波段列表中。

6. 波段组合图像增强

根据第二章中加载彩色图像的步骤,查看表 4-1 中的 Landsat TM 不同波段合成对地物增强的效果。

六、实验任务

以第三章实验任务获得的 2016 年 Landsat 8 OLI 武汉市遥感影像为实验数据,完成以下任务,并将结果文件存储在自定义的目录中。

(1)差值运算:选择实验数据第四、五波段分别作为减数和被减数波段进行差值运算。

(2)比值运算:选择实验数据第五、六波段作为分母和分子波段进行比值运算。

(3)植被指数:点击"NDVI Calculation Parameters"对话框中"Input File Type"下拉式菜单,设定输入数据的类型为"Landsat OLI",在"NDVI Bands"的"Red"和"Near IR"编辑框中输入合适的波段序号,输出 NDVI 结果。

(4)主成分变换:打开"Principal Components Input File"对话框,"Caculate Using"选项中选择协方差矩阵(Covariance Matrix),输出主成分变换结果;在"Available Bands List"对话框中按照"PC1(R)+PC2(G)+PC3(B)"方式输出实验结果。

(5)缨帽变换:输出缨帽变换结果。

(6)实验结果:将上述实验结果存储为"img"格式,文件命名为"x_任务名称.img"。显示实验结果,并将图像存储为"jpg"格式,文件命名为"x_任务名称.jpg"。将所有文件存储在自定义的目录中。

第五章　多光谱遥感影像分类

一、实验目的

熟悉在 ENVI 中对多光谱遥感影像中各类地物的光谱信息和空间信息进行分析以及特征选择；掌握使用 ENVI 进行监督分类、非监督分类以及分类后处理的操作步骤，并学会对分类结果进行评价。

二、实验内容

本实验主要涉及遥感图像处理中监督分类、非监督分类、分类后处理以及变化检测等功能，通过实验进一步掌握这类处理的理论原理。

三、实验数据文件

实验数据文件见表 5-1。

表 5-1　实验数据文件

文件	描述
can_tmr.img	分类影像数据
can_tmr.hdr	ENVI 相应的头文件
can_tm-验证.roi	验证样本感兴趣区域
can_tm-样本.roi	地表真实感兴趣区域
pre_katrina05	前一时相分类结果
post_katrina06	后一时相分类结果

四、实验原理

监督分类，是用被确认类别的样本像元去识别其他未知类别像元的过程。在分类之前，通过目视解译对研究区域每一种类的地物选取一定数量的训练样本，计算机计算每种训练样本区的统计或其他信息，按照不同规则将它划分到和其最相似的样本类。监督分类方法包括平行六面体、最小距离、马氏距离、最大似然、神经网络以及支持向量机分类 6 种。

非监督分类，是在多光谱图像中搜寻、定义其自然相似光谱集群的过程。它不必对图像地物获取先验知识，仅依靠图像上不同类地物光谱（或纹理）信息进行特征提取，再统计特征差别来达到分类目的,最后对已分出的各个类别的实际属性进行确认。非监督分类包括 ISODATA 和 K-Means 分类。

分类后处理,对获取的分类结果进行一些处理,得到最终的分类结果。常用分类后处理包括更改分类颜色、分类统计分析、小斑点处理和栅矢转换等操作。

Change Detection Statistics 工具对两幅分类图像进行差异分析,分析识别出哪些像元发生了变化,以像元数量、百分比和面积统计参数输出。同时,还会生成一幅掩膜图像,该图像记录两个分类图像相应像素变化空间信息,这有助于识别发生变化的区域以及变化像元的归属。分类掩膜图像通过对哪些 Initial State Class 像元改变了类别归属、变化为哪一类进行空间识别。掩膜图像存储为 ENVI 分类图像,图像中的类别属性(名称、颜色和值)与 Final State Class 一致。在掩膜图像中,0 值说明像元没有发生变化;非 0 值说明像元发生了变化。

五、实验步骤

(一)监督分类

该实验是对武汉市区的多光谱遥感影像进行监督分类,并输出初步分类后的影像。

第一步:定义训练样本

(1)从 ENVI 主菜单中选择菜单命令"File→Open Image File"。弹出"Enter Data Filename"文件选择对话框出现后,选择实验数据文件"can_tmr.img",点击"OK"按钮。

(2)当可用波段列表对话框出现后,点击"RGB Color"单选按钮;使用鼠标左键,依次选择 Band5、Band4、Band3,点击对话框左下角的"Load Band"按钮,加载这幅影像到新的显示窗口中。

(3)在主图像窗口中选择菜单命令"Overlay→Region of Interest",打开"ROI Tool"对话框。在"ROI Tool"对话框中的"ROI Name"字段输入样本的名称(支持中文字符),回车确认样本名称;在"Color"字段中,单击鼠标右键选择一种颜色。选择菜单命令"ROI_Type→Polygon",在 Window 中选择 Image,在主图像窗口中绘制多边形感兴趣区。

(4)在"ROI Tool"对话框中单击"New Region"按钮,新建一个训练样本种类。重复(3)步骤,最终得到如图 5-1 所示的结果。

(5)在主图像窗口中选择菜单命令"Tools→2D Scatter Plots",在"Scatter Plot Band Choice"选择框中,选择 Band1 作为 BandX,Band4 作为 BandY(选择相关性较小的波段),散点图如图 5-2 所示。

(6)在散点图上,用鼠标左键点击包围所需要区域的多边形的顶点。使用鼠标右键,闭合多边形并完成选择。当该区域被闭合时,散点图中所选择的 DN 值范围内的像元用彩色突出显示在主图像窗口中。为了确定散点图与显示窗口中地物的对应关系,在"Options→Image:Dance"选择情况下,按住鼠标中键可以看到一定范围内(Options→Set Patch Size)散点图与显示图像的对应关系。如果对所绘制的区域不满意,可以从类别中删除像元:在散点图中,选择"Class→White"。围绕要删除的像元绘制一个多边形来删除它们,被删除的像元恢复为白色,或者在散点图中单击鼠标右键,选择"Clear Class"选项。

(7)在散点图中单击鼠标右键,选择"Clear Class",重复(6)步骤。

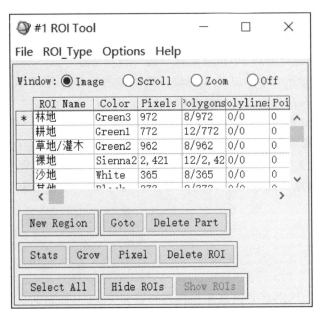

图 5-1 感兴趣区域

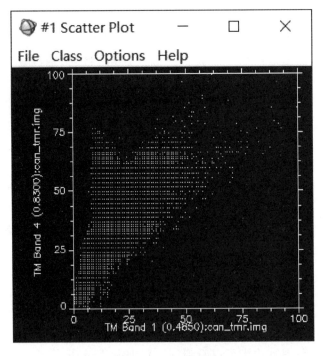

图 5-2 二维散点图

(8)在所有的区域绘制好之后,在散点图中单击鼠标右键,选择"Export All"选项,系统自动将它们导入"ROI Tool"中。在"ROI Name"字段输入样本的名称;在"Color"字段中,单击鼠标右键选择一种颜色。

(9)在"ROI Tool"对话框中选择菜单命令"Options→Compute ROI Separability",在该对话框中选择输入图像文件,单击"OK"按钮。在"ROI Separability Calculation"对话框中单击"Select All Items"按钮,选择所有 ROI 用于可分离性计算,单击"OK"按钮,可分离性将被计算并显示在窗口中,如图 5-3 所示。

(10)在"ROI Tool"对话框中选择"File→Save ROIs",将所有训练样本保存为外部文件(.roi)。也可以将选取的感兴趣区导入 n 维可视化(n-D Visualizer)中。在"ROI Tool"对话框中选择"File→Export ROIs to n-D Visualizer",选择相应的待分类图像和需要评价的样本,在 n 维可视化窗口中显示训练样本,相同的样本集中在一起。

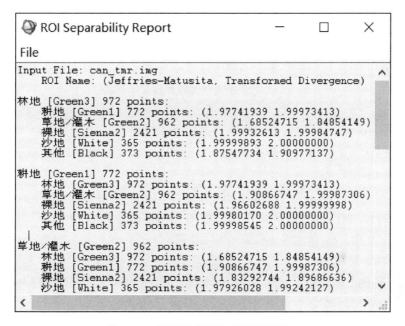

图 5-3 训练样本可分离性计算报表

第二步:执行监督分类

(1)从 ENVI 主菜单中选择菜单命令"Classification→Supervised→分类器类型",包括应用于高光谱数据的光谱角(Spectral Angle Mapper Classification)、光谱信息散度(Spectral Information Divergence Classification)和二进制编码(Binary Encoding Classification)分类方法,这里主要介绍最小距离(Minimum Distance)和最大似然(Likelihood Classification)两种分类器。

(2)最小距离分类器。

选择菜单命令"Classification→Supervised→Minimum Distance",在文件输入对话框中选择分类图像,单击"OK"按钮打开"Minimum Distance"参数设置对话框(图 5-4)。

Select Classes from Regions:单击"Select All Items"按钮,选择全部的训练样本。

Set Max Stdev from Mean:设置标准差阈值。有 3 种类型,①None:不设置标准差阈值;②Single Value:为所有类别设置一个标准差阈值;③Multiple Values:分别为每一个类别设置一个标准差阈值。选择"Single Value",值为 4。

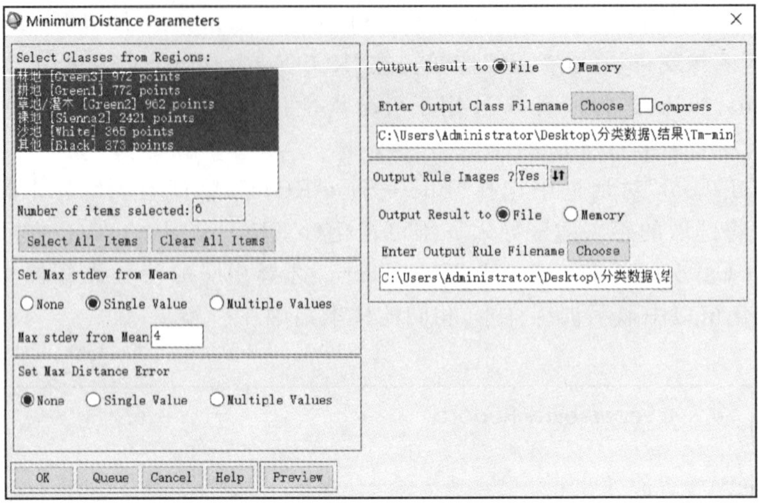

图 5-4　最小距离分类器参数设置对话框

Set Max Distance Eror：设置最大距离误差。以 DN 值方式输入一个值，距离大于该值的像元不被分入该类（如果不满足所有类别的最大距离误差，它们就被归为未分类）。有 3 种类型，这里选择"None"。

单击"Preview"按钮，可以在右边窗口中预览分类结果，单击"Change View"按钮，可以改变预览区域。选择分类结果的输出路径及文件名，设置"Out Rule Images"为"YES"，选择规则图像输出路径及文件名，单击"OK"按钮执行分类。

（3）最大似然分类器。

从 ENVI 主菜单中选择菜单命令"Classification→Supervised→Likelihood Classification"，在文件输入对话框中选择分类图像，单击"OK"按钮，打开"Likelihood Classification"参数设置对话框（图 5-5）。

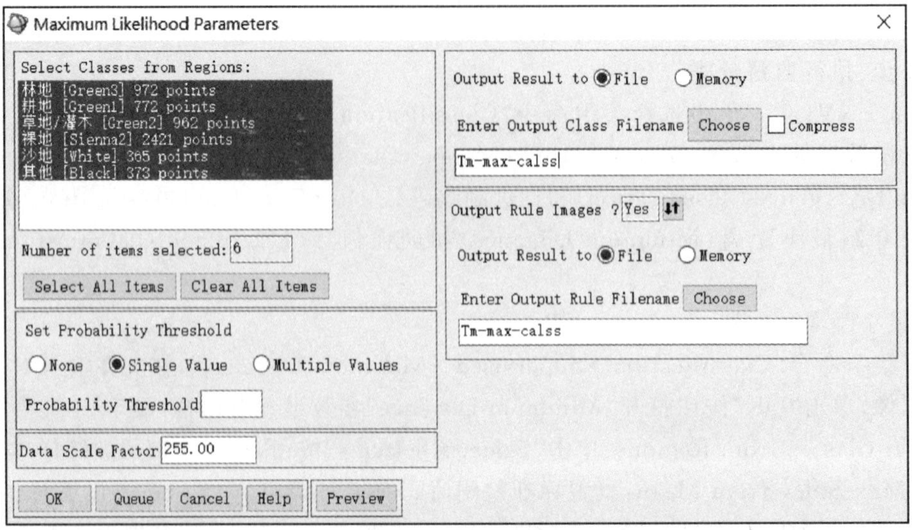

图 5-5　最大似然分类器参数设置对话框

Select Classes from Regions：单击"Select All Items"按钮，选择全部的训练样本。

Set Probability Threshold：设置似然度的阈值。如果选择"Single Value"，则在"Probability Threshold"文本框中输入一个 0～1 的值，似然度小于该阈值的不被分入该类，这里选择"None"。

Data Scale Factor：输入一个数据比例系数。这个比例系数是一个比值系数，用于将整型反射率或辐射率数据转化为浮点型数据。

"Preview"按钮可以在右边窗口中预览分类结果，"Change View"按钮可以改变预览区域。选择分类结果的输出路径及文件名，设置"Out Rule Images"为"YES"，选择规则图像输出路径及文件名，单击"OK"按钮执行分类。

（4）支持向量机。

从 ENVI 主菜单中选择菜单命令"Classification→Supervised→Support Vector Machine Classification"，在文件输入对话框中选择分类图像。单击"OK"按钮，打开"Support Vector Machine Classification"参数设置对话框（图 5-6）。

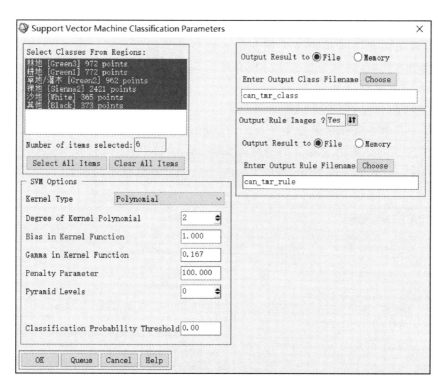

图 5-6　支持向量机分类器参数设置对话框

"Kernel Type"下拉列表中的选项有"Linear""Polynomial""Radial Basis Function"以及"Sigmoid"。

如果选择"Polynomial"，设置一个核心多项式（Degree of Kernel Polynomial）的次数用于 SVM。最小值为 1，最大值为 6。如果选择"Polynomial"或"Sigmoid"，使用向量机规则需要为"Kernel"指定"the Bias"，默认值为 1。如果选择"Polynomial""Radial Basis Function"

"Sigmoid",需要设置"Gamma in Kernel Function"参数。这个值是一个大于 0 的浮点型数据。默认值是输入图像波段数的倒数。

Penalty Parameter:这个值是一个大于 0 的浮点型数据。这个参数控制了样本错误与分类刚性延伸之间的平衡。默认值为 100。

Pyramid Levels:设置分级处理等级,用于 SVM 训练和分类处理过程。如果这个值为 0,将以原始分辨率处理;最大值随着图像的大小而改变。

Pyramid Reclassification Threshold(0~1):当"Pyramid Levels"值大于 0 时,需要设置这个重分类阈值。

Classification Probability Threshold:为分类设置概率阈值,如果一个像素计算得到所有的规则概率小于该值,该像素将不被分类。范围是 0~1,默认是 0。

选择分类结果的输出路径及文件名。设置"Out Rule Images"为"Yes",选择规则图像输出路径及文件名。

单击"OK"按钮执行分类。

(二)非监督分类

下面以武汉市多光谱遥感影像为例介绍非监督分类操作过程。由于 ISODATA 和 K-Means 参数设置不同,就两种分类方法分别介绍。

第一步:执行非监督分类

(1)ISODATA。

从 ENVI 主菜单中选择菜单命令"Classification→Unsupervised→ISODATA",在"Classification Input File"对话框中选择分类的图像文件,单击"OK"按钮,打开"ISODATA Parameters"对话框(图 5-7),下面设置"ISODATA Parameters"对话框中的参数。

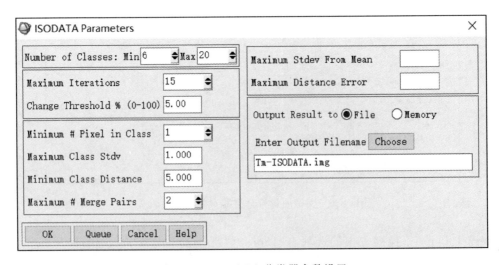

图 5-7 ISODATA 分类器参数设置

类别数量范围(Number of Classes:Min,Max):一般输入最小数量不能小于最终分类数量,最大数量为最终分类数量的 2~3 倍。Min:6,Max:20。

最大迭代次数(Maximum Iterations):15。迭代次数越多,得到的结果越精确,运算时间也越长。

变换阈值(Change Threshold):5。当每一类的变化像元数小于阈值时,结束迭代过程。这个值越小,得到的结果越精确,运算量也越大。

Minimun # Pixel in Class:键入形成一类所需的最小像元数。如果某一类中的像元数小于最小像元数,该类将被删除,其中的像元被归并到距离最近的类中。

最大分类标准差(Maximum Class Stdev):1。以像素值为单位,如果某一类的标准差比该阈值大,该类将被拆分成两类。

类别均值之间的最小距离(Minimum Class Distance):5。以像素值为单位,如果类别均值之间的距离小于输入的最小值,则类别将被合并。

合并类别最大值(Maximum # Merge Pairs):2。

距离类别均值的最大标准差(Maximum Stdev From Mean)为可选项。筛选小于这个标准差的像元参与分类。允许的最大距离误差(Maximum Distance Error)为可选项。筛选小于这个最大距离误差的像元参与分类。选择输出路径及文件名,单击"OK"按钮,执行非监督分类。

(2)K-Means。

从ENVI主菜单中选择菜单命令"Classification→Unsupervised→K-Means",在"Classification Input File"对话框中选择分类的图像文件,单击"OK"按钮,打开"K-Means Parameters"对话框(图5-8),下面设置"K-Means Parameters"对话框中的参数。

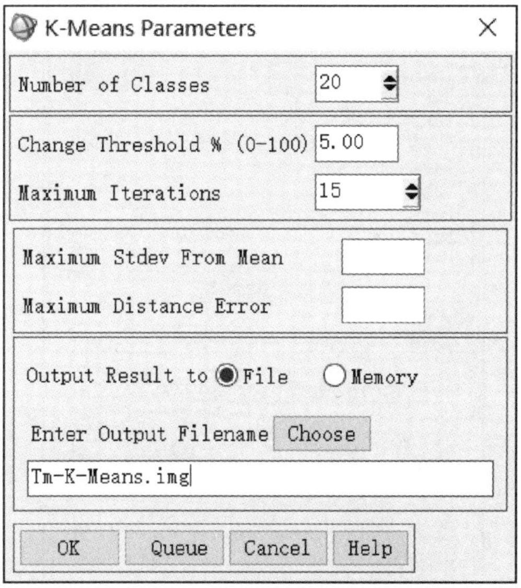

图5-8 K-Means分类器参数设置

分类数量(Number of Classes):20。一般为最终输出分类数量的2~3倍。

最大迭代次数(Maximum Iterations):15。迭代次数越大,得到的结果越精确,运算时间也越长。

距离类别均值的最大标准差(Maximum Stdev From Mean):这个为可选项,筛选小于这个标准差的像元参与分类。

允许的最大距离误差(Maximum Distance Error):这个为可选项,筛选小于这个最大距离误差的像元参与分类。

选择输出路径及文件名,单击"OK"按钮执行非监督分类。

第二步:类别定义与子类合并

(1)类别定义。

打开目视解译底图和分类图像并在 Display 中显示。在分类图像的主图像窗口中选择菜单命令"Overlay→Classification",在"Interactive Class Tool Input File"选择框中选择非监督分类结果,单击"OK"按钮。

打开"Interactive Class Tool"对话框,在"Interactive Class Tool"对话框中,勾选类别前面的"On"选择框,就能将此类结果叠加显示在"Display"窗口上,识别此分类类别。

在"Interactive Class Tool"对话框中选择"Options→Edit Class Colors/Names",调出"Class Color Map Editing"对话框(图 5-9)。在"Class Color Map Editing"对话框中选择对应的类别,并在"Class Name"中输入重新定义的类别名称,同时修改显示颜色。

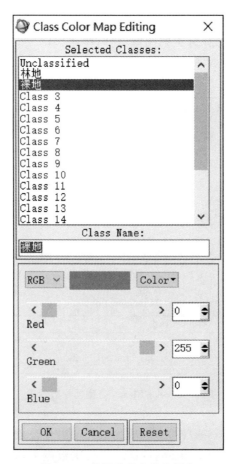

图 5-9 编辑分类名称和颜色

重复上述步骤，定义其他类别。

在"Interactive Class Tool"对话框中选择菜单命令"File→Save Chang to File"，保存修改结果。

(2)合并子类。

在 ENVI 主菜单中选择菜单命令"Classification→Post Classification→Combine Classes"。在"Combine Classes Input File"对话框中选择定义好的分类结果，单击"OK"按钮调出"Combine Classes Parameters"对话框，在"Combine Classes Parameters"对话框中(图 5-10)，从"Select Input Class"栏中选择合并的类别，单击"Add Combination"按钮将其添加到合并方案中，合并方案显示在"Combined Classes"栏中，在"Combined Classes"列表中单击其中一项，可以将该项从方案中移除。

在合并方案确立之后，单击"OK"按钮，调出"Combine Classes Output"对话框，在"Remove Empty Classes"项中选择"YES"，将空白类移除。选择输出合并结果路径及文件名，单击"OK"按钮，执行合并。

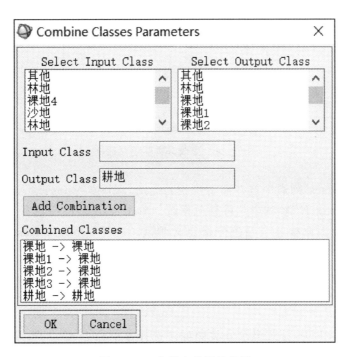

图 5-10 分类合并别的类别

(三)分类后处理

1. 更改分类颜色

(1)手动方式。

打开分类结果并在"Display"窗口中显示，在主图像窗口中选择菜单命令"Tools→Color Mapping→Class Color Mapping"，打开"Class Color Mapping"对话框，如图 5-11 所示。

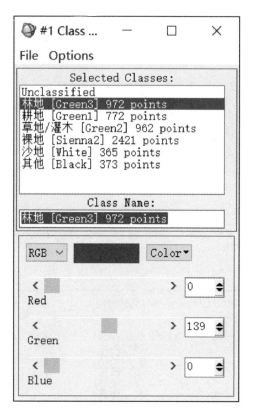

图 5-11 更改分类颜色对话框

从"Selected Classes"列表中选择需要修改的类别。Class Name:输入新的类别名。

选择 RGB、HLS 或 HSV 其中一种颜色系统。单击"Color"按钮选择标准颜色,或者通过移动颜色调整滑块分别调整各个颜色分量定义颜色。选择"Options-Reset Color Mapping",可以恢复初始值。

当已经完成对颜色的修改以后,选择菜单命令"File→Save Changes"保存新的颜色,选择菜单命令"File→Cancel"关闭对话框。

(2)自动方式。

在"Display"中以 RGB 方式显示分类图像。选择菜单命令"Classification→Post Classification→Assign Class Colors"。

在"Assign Class Colors"对话框中选择"Display"窗口作为基准颜色。在"Input Classification Image"选择框中选择分类结果数据,单击"OK"按钮,可以看到分类结果的显示颜色已经更改。

2. Majority/Minority 分析

(1)从 ENVI 主菜单中选择菜单命令"Classification→Post Classification→Majority/Minority Analysis",在打开的文件选择对话框中选择分类图像。打开"Majority/Minority Parameters"对话框(图 5-12),输入"Majority/Minority Parameters"对话框中的参数。

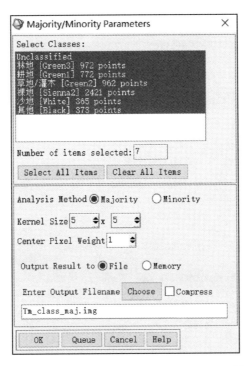

图 5-12　Majority/Minority Parameters 对话框

(2)选择分类类别(Select Classes):单击"Select All Items"按钮,选择所有类别。

(3)选择分析方法(Analysis Method):Majority。

(4)选择变换核(Kernel Size):5×5。必须是奇数且不必为正方形,变换核越大,分类图像越平滑。

(5)中心像元权重(Center Pixel Weight):1。

(6)选择输出路径及文件名,单击"OK"按钮,执行 Majority 分析。

3. 聚类处理(Clump)

(1)从 ENVI 主菜单中选择菜单命令"Classification→Post Classification→Clump Classes"。在"Classification Input File"对话框中选择一个分类图像,单击"OK"按钮,打开"Clump Parameters"对话框(图 5-13)。下面填写"Clump Parameters"对话框中的参数。

(2)选择分类类别(Select Classes):单击"Select All Items"按钮,选择所有类别。

(3)输入形态学算子大小(Rows 和 Cols):3,3。

(4)选择输出路径及文件名,单击"OK"按钮,执行聚类处理。

4. 过滤处理(Sieve)

(1)从 ENVI 主菜单中选择菜单命令"Classification→Post Classification→Sieve Classes"。在"Classification Input File"对话框中选择一个分类图像,点击"OK"按钮,打开"Sieve Parameters"对话框。输入"Sieve Parameters"对话框中的参数,如图 5-14 所示。

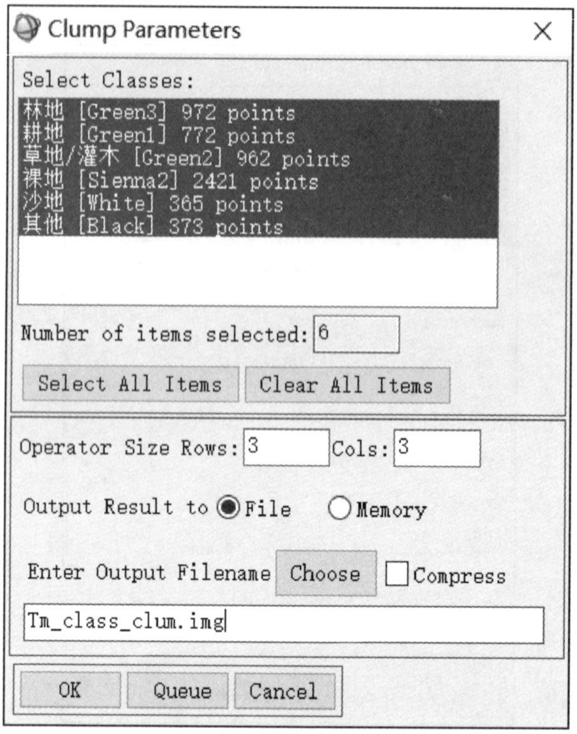

图 5-13　Clump Parameters 对话框

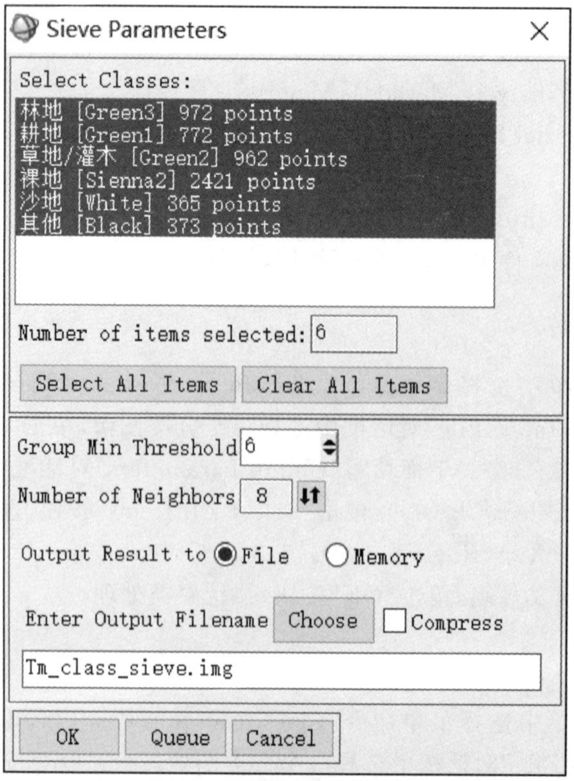

图 5-14　Sieve Parameters 对话框

(2)选择分类类别(Select Classes):单击"Select All Items"按钮,选择所有类别。

(3)输入过滤阈值(Group Min Threshold):6。一组中小于该数值的像元将从相应类别中删除。

(4)确定聚类领域大小(Number of Neighbors):8。

(5)选择输出路径及文件名,单击"OK"按钮,执行过滤处理。

5. 分类统计(Class Statistics)

(1)从 ENVI 主菜单中选择菜单命令"Classification→Post Classification→Class Statistics",在打开的"Classification Input File"对话框中选择一幅分类结果图像,单击"OK"按钮。

(2)在"Statistics Input File"对话框中选择一个用于计算统计信息的输入文件,确定分类图像中各个类别对应的 DN 值,单击"OK"按钮。

(3)在"Class Selection"对话框的列表中点击类别名称,选择想计算统计的分类,单击"OK"按钮。

(4)在"Compute Statistics Parameters"对话框(图 5-15)的复选框中,选择需要的统计项,包括以下 3 种统计类型。

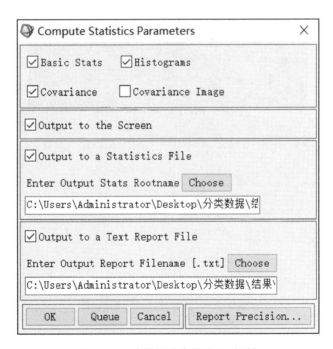

图 5-15 计算统计参数设置对话框

基本统计(Basic Stats):基本统计信息包括所有波段的最小值、最大值、均值和标准差,若该文件是多波段的,还包括特征值。

直方图统计(Histograms):生成一个关于频率分布的统计直方图,列出图像直方图(如果直方图的灰度小于或等于 256)中每个 DN 值的 Npts(点的数量)、Total(累积点的数量)、Pct(每个灰度值的百分比)和 Acc Pct(累积百分比)。

协方差统计(Covariance):协方差统计信息包括协方差矩阵和相关系数矩阵以及特征值和特征向量,当选择这一项时,还可以将协方差结果输出为图像(Covariance Image)。

(5)输出结果的方式包括3种:输出到屏幕显示(图5-16)、生成一个统计文件(.sta)和生成一个文本文件。其中,生成的统计文件可以通过菜单命令"Classification→Post Classification→Class Statistics",在"Class Statistics Result"对话框中,选择菜单命令"File→View Statistics File(s)"。

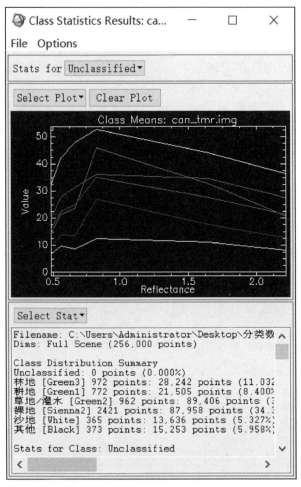

图5-16 显示统计结果的窗口

6. 分类叠加

(1)打开背景图像,显示RGB彩色合成图。

(2)在Display的主图像窗口中选择菜单命令"File→Save Image As→Image File",将拉伸的图像保存为24bit的三波段彩色图像,并在Display中显示。

(3)在ENVI主菜单中选择菜单命令"Classification→Post Classification→Overlay Classes",在打开的"Input Overlay Background RGB Input Bands"对话框中选择显示拉伸后的背景图像的Display。

(4)另外的"Available Bands List"选项是为 R、G、B 选择波段的方式选择背景图像(如果需要一个灰阶背景,为 RGB 输入点击同样的波谱波段),单击"OK"按钮。

(5)在打开的"Classification Input File"对话框中选择分类结果图像,单击"OK"按钮。

(6)在打开的"Class Overlay to RGB Parameters"对话框中(图 5-17)选择需要叠加在背景图像上的类(Select Classes to Overlay)。

(7)选择输出路径及文件名,点击"OK"按钮执行分类叠加处理。

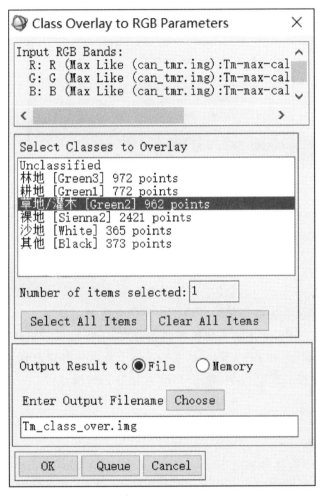

图 5-17 Class Overlay to RGB Parameters 对话框

7. 分类结果转矢量

(1)在 ENVI 主菜单中选择菜单命令"Classification→Post Classification→Classification to Vector",或者选择"Vector→Classification to Vector",在打开的"Raster to Vector Input Band"对话框中选择分类结果,单击"OK"按钮,打开"Raster to Vector Parameters"对话框(图 5-18),设置矢量输出参数。

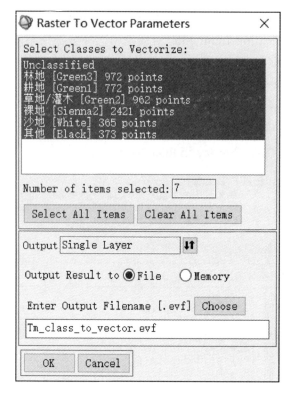

图 5-18 栅格转换为矢量的参数设置

(2)通过点击类别名称选择所需将被转化为矢量多边形的类别。

(3)在"Output"标签中,使用箭头切换按钮选择"Single Layer"把所有分类都输出到一个矢量层中。另外,"One Layer per Class"是选择将每个所选分类输出到单独的矢量层。

(4)选择输出文件路径及文件名,单击"OK"按钮执行转换过程。

8. 混淆矩阵

(1)地面真实影像。

在 ENVI 主菜单中选择菜单命令"Classification→Post Classification→Confusion Matrix→Using Ground Truth Image"。

在"Classification Input File"对话框中选择分类结果。

在"Ground Truth Input File"对话框中选择地表真实图像。

在"Match Classes Parameters"对话框中选择所要匹配的名称,再单击"Add Combination"按钮,把地表真实类别与最终分类结果相匹配。类别之间的匹配将显示在对话框底部的列表中。如果地表真实图像中的类别与分类图像中的类别名称相同,它们将自动匹配。单击"OK"按钮输出混淆矩阵。

在混淆矩阵输出窗口的"Output Confusion Matrix"中,选择像素(Pixels)和百分比(Percent)。

选择误差图像输出路径及文件名,单击"OK"按钮,输出混淆矩阵。

(2)地表真实感兴趣区域。

在 ENVI 主菜单中选择菜单命令"Basic→Region of Interest→Restore Saved ROI File",打开验证感兴趣区文件。

地表真实感兴趣区文件是在不同大小的图像上定义的,需要将地表真实感兴趣区文件与分类结果文件相匹配,有两种情况:无地理参考和有地理参考。

①无地理参考。

在 ENVI 主菜单中选择菜单命令"Basic→Region of Interest→Reconcile ROIs",弹出"Reconcile ROIs"参数对话框。

在"Reconcile ROIs"参数对话框中(图 5-19)选择相应的地表真实感兴趣区。

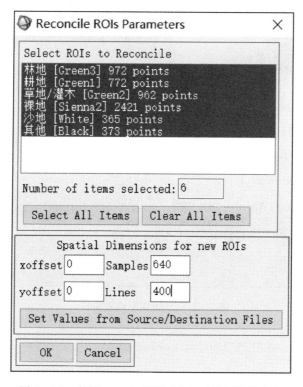

图 5-19 在"Reconcile ROIs"参数对话框设置参数

在"Reconcile ROIs"参数对话框中输入行(Samples)和列(Lines),与分类图像一致,或者单击"Set Values from Source/Destination Files"按钮,匹配分类图像的大小。

②有地理参考。

在 ENVI 主菜单中选择菜单命令"Basic→Region of Interest→Reconcile ROIs Via Map",在"Reconcile ROIs Via Map"对话框中,选择1相应的地表真实感兴趣区,单击"OK"按钮。

在"Select Source File Where ROI Was Drawn"对话框中选择定义验证样本的文件。

在"Select Destination File to Reconcile ROIs to"对话框中选择匹配目标文件,也就是图像分类结果。

(3)在 ENVI 主菜单中选择菜单命令"Classification→Post Classification→Confusion Matrix→Using Ground Truth ROIs"。

(4)在"Classification Input File"对话框中选择分类结果图像。地表真实感兴趣区将被自动加载到"Match Classes Parameters"对话框中。

(5)在"Match Classes Parameters"对话框中(图 5-21)选择所要匹配的名称,再单击"Add Combination"按钮,将地表真实感兴趣区与最终分类结果相匹配。类别之间的匹配将显示在对话框底部的列表中。如果地表真实感兴趣区的类别与分类图像中的类别名称相同,它们将自动匹配。单击"OK"按钮,输出混淆矩阵。

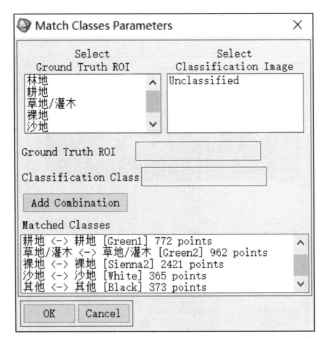

图 5-21 分类匹配设置窗口

(6)在混淆矩阵输出窗口的"Output Confusion Matrix"中选择像素(Pixels)和百分比(Percent)(图 5-22)。

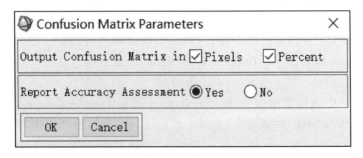

图 5-22 混淆矩阵输出对话框

(7)单击“OK”按钮，输出混淆矩阵，如图 5－23 所示。

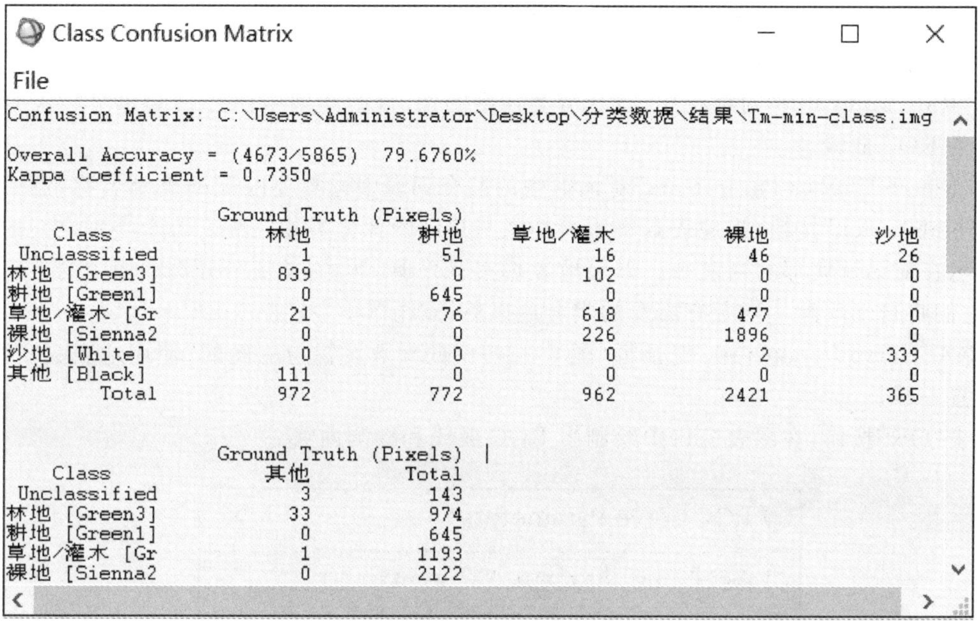

Confusion Matrix: C:\Users\Administrator\Desktop\分类数据\结果\Tm-min-class.img

Overall Accuracy = (4673/5865) 79.6760%
Kappa Coefficient = 0.7350

Class	Ground Truth (Pixels) 林地	耕地	草地/灌木	裸地	沙地
Unclassified	1	51	16	46	26
林地 [Green3]	839	0	102	0	0
耕地 [Green1]	0	645	0	0	0
草地/灌木 [Gr	21	76	618	477	0
裸地 [Sienna2	0	0	226	1896	0
沙地 [White]	0	0	0	2	339
其他 [Black]	111	0	0	0	0
Total	972	772	962	2421	365

Class	Ground Truth (Pixels) 其他	Total
Unclassified	3	143
林地 [Green3]	33	974
耕地 [Green1]	0	645
草地/灌木 [Gr	1	1193
裸地 [Sienna2	0	2122

图 5－23　混淆矩阵报表

9. ROC 曲线

(1)使用地表真实图像。

在 ENVI 主菜单中选择菜单命令“Classification→Post Classification→ROC Curves→Using Ground Truth Image”。在“Rule Input File”对话框中选择分类规则图像。通过点击类别名称选择所需将被转化为矢量多边形的类别。

在“Ground Truth Input File”对话框中选择地表真实图像。

在“Match Classes Parameters”对话框中的两个列表中选择要匹配的类别名称，然后点击“Add Combination”按钮，将地表真实分类与规则图像分类相匹配。

点击“OK”按钮，出现“ROC Curve Parameters”对话框。

Classify by：选择用最小值或最大值对规则图像进行分类。如果规则图像来自于最小距离或光谱角分类器，选用最小值进行分类；如果规则图像来自于最大似然分类器，用最大值进行分类。

在“Min”和“Max”参数文本框中，为 ROC 曲线阈值范围键入最小值和最大值，规则图像将按照最小值和最大值之间(包括端点)的 N 等份阈值(由“Points per ROC Curve”文本框设定)进行分类。这些分类中的每一个类别都与地表真实类别相比较，成为 ROC 曲线上的一个点。

Points per ROC Curve：键入 ROC 曲线上的点数。

ROC Curve plots per window：键入每个窗口中图表的数量。

Output PD threshold plot:选择"Yes"或"No"复选框,确定是否输出探测相对于阈值的曲线。

单击"OK"按钮,在图表窗口中绘制出 ROC 曲线和探测曲线。

(2)使用地表真实感兴趣区。

在"Rule Input File"对话框中,选择分类规则图像,规则图像中所选择的每个波段将用于生成一条 ROC 曲线。

在"Match Classes Parameters"对话框中的两个列表中选择要匹配的类别名称,然后点击"Add Combination"按钮,将地表真实感兴趣区与规则图像分类相匹配。各个类别之间的匹配情况显示在对话框底部的列表中。如果地表真实感兴趣区中的类别与分类图像中的类别名称相同,它们将自动匹配。当所有需要的类合成以后,点击"OK"按钮。

"ROC Curve Parameters"对话框(图 5-24)中的参数设置与前面的"使用地表真实图像"参数设置一样。

点击"OK"按钮,在图表窗口中绘制出 ROC 曲线和探测曲线。

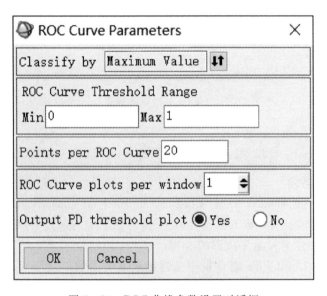

图 5-24 ROC 曲线参数设置对话框

(四)变化检测

Change Detection Statistics 工具

(1)在 ENVI 主菜单中选择菜单命令"Basic Tools→Change Detection→Change Detection Statistics"。

(2)在"Select the Initial State Image"对话框和"Select the Final State Image"对话框中分别选择前一时相和后一时相的分类结果(ENVI Classification 栅格格式)。打开"Define Equivalent Classes"对话框(图 5-25)。

(3)在"Define Equivalent Classes"对话框中,如果两个分类名称(像元值)一致,系统自动将"Initial State Class"和"Final State Class"对应;否则,手动选择。

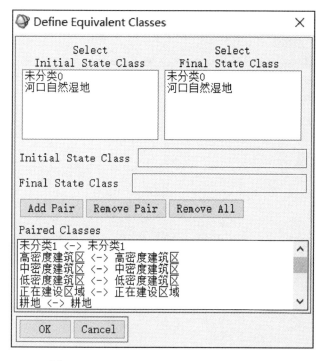

图 5-25　Define Equivalent Classes 对话框

(4) 在左边列表中选择一个分类类别,在右边选择对应分类名称,单击"Add Pair"按钮。

(5) 重复(4)步骤,直至所有需要分析的分类类别一一对应(显示在 Paired Classes 列表中)。单击"OK"按钮,打开"Change Detection Statistics Output"对话框。

(6) 选择生成图表表示单位(Report Type):像素(Pixels)、百分比(Percent)和面积(Area)。选择"Output Classification Mask Images?"为"Yes",输出掩膜图像,选择输出路径及文件名。

(7) 单击"OK"按钮,执行计算。

变化分析其中一个结果是统计报表(图 5-26),Initial State Class 的分类列在每一列中,Final State Class 列在每一行中。为了对变换了类别的像元分布进行充分计算,列中仅包含所选的用于分析的 Initial State Class 类别,行中包含 Final State Class 所有的分类类别。分析报表显示出了这些像元两个分类图中的变化情况。

其他字段表示的意义如下。

"Class Total"行:表示每个 Initial State Class 类别中所包含的像元数。

"Class Total"列:表示每个 Final State Class 类别中所包含的像元数。

"Row Total"列:表示 Final State Class 中每一类从 Initial State Class 变化的总和。

"Class Changes":表示改变类别的初始状态像元数。

"Image Difference"行:表示两幅图像中分析的像元总数的差值,即 Final State Class 像元总数减去 Initial State Class 像元总数,该值为正,代表类别增加。

Change Detection Statistics (Initial State: pre_katrina05.dat, Final State: post_katrina06.dat)

File　Options　Help

Pixel Count　Percentage　Area (Square Meters)　Reference

Initial State

Final State	未分类1	高密度建筑区	中密度建筑区	低密度建筑区	正在建设区域	耕地	草地/干草	草场	落叶林	常绿林	混交林	灌木
未分类1	0	0	0	0	0	0	0	0	0	0	0	0
高密度建筑区	0	114551	1804	1705	0	0	0	0	0	0	0	0
中密度建筑区	0	1169	186221	1464	0	0	0	0	0	0	0	0
低密度建筑区	0	4551	4918	568723	0	0	0	0	0	0	0	0
正在建设区域	0	0	0	0	82530	0	0	0	0	0	0	0
耕地	0	0	0	0	0	296429	236	0	0	0	0	0
草地/干草	0	0	0	0	0	212	186815	22	0	23	1	56
草场	0	0	0	1	1	0	1	41957	18	2591	34	1564
落叶林	0	0	0	0	0	0	0	0	2544	0	0	0
常绿林	0	0	0	0	0	0	0	334	4	238746	2	325
混交林	0	0	0	0	0	0	0	0	0	0	790	0
灌木	0	0	0	1	5	0	0	597	4	4496	6	155770
沼泽森林湿地	0	0	0	0	0	0	0	131	0	589	5	110
沼泽灌木湿地	0	0	0	0	0	2	0	0	0	0	0	0
沼泽自然湿地	0	0	0	0	0	111	0	29	0	143	5	44
河口森林湿地	0	0	0	0	0	0	0	0	0	0	0	0
河口灌木湿地	0	0	0	0	0	0	0	0	0	0	0	0
河口自然湿地	0	0	0	0	0	0	0	133	11	235	0	211
疏松海岸	0	0	1	15	0	0	0	0	0	0	0	0
裸地	0	0	0	0	0	0	0	20	3	22	1	40
水体	0	3	1	126	0	2	2	112	5	10	3	211
沼泽水床	0	0	0	0	0	0	0	0	0	0	0	0
河口水床	0	0	0	0	0	0	0	0	0	0	0	0
Class Total	0	120274	192945	572035	82536	296756	187054	43335	2589	246855	847	158331
Class Changes	0	5723	6724	3312	6	327	239	1378	45	8109	57	2561

图 5－26　变化分析报表

六、实验任务

以第三章实验任务获得的 2005 年 Landsat 4－5 TM 和 2016 年 Landsat 8 OLI 武汉市遥感影像为实验数据，完成以下任务。

（1）监督分类：①为遥感影像选择林地、耕地 1（偏植被特征）、耕地 2（偏土壤特征）、建筑用地、湖泊、河流 6 种地物的感兴趣区，并绘制这些地物的光谱特征曲线；②对两个时相的遥感影像分别采用最大似然、最小距离和支持向量机分类器进行监督分类，并对分类结果进行目视比较。

操作提示：耕地 1 主要包括菜地、果园或将要成熟的农作物区域，植被分布比较明显；耕地 2 接近裸土地，包括收割完的、荒废的或刚播种的区域。

（2）精度评价：利用提供的武汉市不同年份的地面真实数据，通过混淆矩阵分别对各个时相的 3 个分类结果进行精度评价，选择其中总体精度最高的分类结果作为后续分类后处理的输入图像。

（3）分类后处理：①对两个时相的监督分类结果分别进行类别筛选、类别集群、类别合并（合并为建设用地、林地、水体和耕地 4 类地物）、更改分类颜色、分类统计分析、栅矢转换等分类后处理，每个分类后处理的结果均需存储；②将类别合并后的两个结果通过 ArcGIS 进行综合制图，获得两个时相土地利用分类图。其中，制图要素包括标题、比例尺、指北针、图例和网格等。

（4）变化检测：利用实验任务（3）中获得的两个时相的土地利用分类结果，实现对武汉市 2005—2016 年土地覆盖的变化检测，并输出变化矢量图层。在该图层中使用不同的颜色来表示增加、未变化和减少。最后，统计出两个时相内土地覆盖（建设用地、林地、水体和耕地）变化的面积百分比。

第六章　面向对象图像特征提取

一、实验目的

熟悉 ENVI Feature Extraction 面向对象特征提取的过程和方法,加强对面向对象图像特征提取的认识和理解。

二、实验内容

本实验主要涉及基于规则的面向对象分类、基于样本的面向对象分类、面向对象图像分割功能,通过实验进一步掌握这类处理的理论原理。

三、实验数据文件

实验数据文件见表 6-1。

表 6-1　实验数据文件

文件	描述
qb_colorado.dat	QuickBird 高分辨率图像文件
qb_colorado.hdr	ENVI 相应的头文件
imperial_valley_subset.dat	QuickBird 高分辨率图像文件
imperial_valley_subset.hdr	ENVI 相应的头文件

四、实验原理

面向对象分类技术是集合邻近像元为对象用来识别感兴趣的光谱要素,充分利用高分辨率的全色和多光谱数据的空间、纹理及光谱信息来分割与分类,以高精度的分类结果或者矢量输出。从高分辨率全色或者多光谱数据中提取信息,ENVI Feature Extraction 可以提取各种特征地物,还可以在操作过程中随时预览影像分割效果。

ENVI Feature Extraction 提供了 3 种功能模块。①基于规则:定义对象规则提取信息;②基于样本:选择对象样本提取信息;③图像分割:只对图像进行分割和合并处理。除此之外,还集成了基于灰度的密度分割工具。ENVI Feature Extraction 中进行特征提取的操作可分为两个部分:发现对象和特征提取。

五、实验步骤

(一)基于规则的面向对象信息提取

第一步：准备工作

根据数据源和特征提取类型等情况，可以有选择地对数据进行一些预处理。

(1)空间分辨率的调整：如果数据的空间分辨率非常高，覆盖范围非常大，而提取的特征地物面积较大(如云、大片林地等)，可以降低分辨率，提供精度和运算速度。可利用"ENVI Toolbox"工具箱中的"Raster Management→Resize Data"工具实现。

(2)光谱分辨率的调整：如果处理的是高光谱数据，可以将不用的波段除去。可利用"ENVI Toolbox"工具箱中的"Raster Management→Layer Stacking"工具实现。

(3)多源数据组合：当有其他辅助数据时，可以将这些数据和待处理的数据组合成新的多波段数据文件。这些辅助数据可以是 DEM 图像、LiDAR 图像和 SAR 图像。当计算对象属性时，会生成这些辅助数据的属性信息，可以提高信息提取精度。可利用"ENVI Toolbox"工具箱中的"Raster Management→Layer Stacking"工具实现；或者直接在"ENVI Feature Extraction"选择数据(Data Selection)时切换到"Ancillary Data"选项卡，单击"Add Data"按钮添加多源数据。

(4)空间滤波：如果数据包含一些噪声，可以选择 ENVI 的滤波功能进行一些预处理。

第二步：发现对象

启动"Rule Based Feature Extraction"工具：

(1)在主界面中选择"File→Open"，打开图像文件"qb_colorado.dat"。

(2)在"Toolbox"工具箱中双击"Feature Extraction→Rule Based Feature Extraction Workflow"工具，启动"Feature Extraction-Rule Based"流程化工具面板。

(3)选择菜单命令"Data Selection→Input Raster"，单击"Browse"按钮，打开"File Selection"对话框，在打开的对话框中选择"qb colorado.dat"，点击"OK"按钮，如图 6-1 所示。

(4)单击"Input Mask"选项卡，可输入掩膜文件，本示例中不使用掩膜。

(5)单击"Ancillary Data"选项卡，可输入其他多源辅助数据，本示例中不使用其他数据。

操作提示：必须符合以下条件，①具有标准地图坐标信息或者使用 RPCs 坐标信息的栅格文件；②必须与 Input Raster 图像文件有重叠区。

(6)单击"Custom Bands"选项卡，有两个自定义波段，包括归一化植被指数或者波段比值、HSI 颜色空间，这些辅助波段可以提高图像分割的精度，如植被信息的提取等自定义的属性。

(7)在"Normalized Difference"属性上打钩，如图 6-2 所示，点击"Next"按钮。

影像分割、合并

(1)在"Segment Settings"设置项中可以设置图像分割的算法和参数。通过"Algorithm"下方的下拉列表可以选择分割算法，ENVI Feature Extraction 提供两种分割算法(本示例中选择"Edge")。

第六章 面向对象图像特征提取

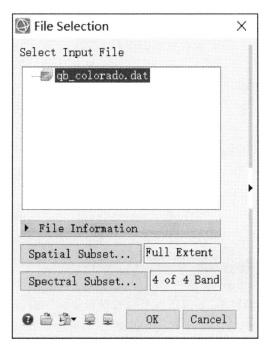

图 6-1 "File Selection"对话框

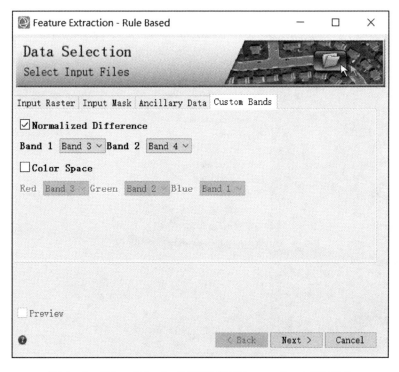

图 6-2 "Data Selection"对话框的"Custom Bands"选项卡

(2) 通过右侧的"Scale Level"滑块或手动输入分割阈值。阈值范围为 0～100,默认值为 50。值越小,则分割得到的图斑越细、数量越多。本例设置为 40。单击"Select Segment Bands"右侧的按钮,可以设置分割用到的波段,默认为输入图像的所有波段,点击"OK"按钮。

操作提示:为了获得最好的分割效果,建议使用类似光谱范围的波段,如红、绿、蓝和近红外波段,而不要同时使用自定义波段(Normalized Difference 或 Color Space)和可见光/近红外波段。

(3) 在"Merge Settings"设置项中可以设置图像合并的算法和参数。通过"Algorithm"下方的下拉列表可以选择合并算法,"ENVI Feature Extraction"提供两种合并算法(本示例中选择默认设置)。

(4) 通过右侧的"Merge Level"滑块或手动输入合并阈值。阈值范围为 0～100,默认值为 0。值越小,则合并效果越不明显。本示例设置为 90。单击"Select Merge Bands"右侧的按钮,可以设置合并用到的波段,默认为输入图像的所有波段,点击"OK"按钮。

(5) 在"Texture Kernal Size"文本框中可以设置纹理核大小(单位为像元),默认为 3。如果数据区域较大而纹理差异较小,可以把这个参数设置得大一点。

(6) 勾选"Preview"选项,在 ENVI 视窗中出现一个矩形的预览区,如图 6-3 所示。在鼠标为选择状态下(在工具栏中选择),按住鼠标左键拖动预览区,按住预览区边缘拖动鼠标调整预览区大小。

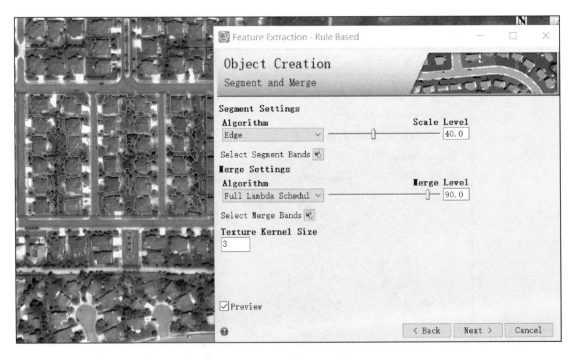

图 6-3 图像分割与合并

第六章 面向对象图像特征提取

(7)取消勾选"Preview"选项,单击"Next"按钮,进入"Rule-based Classification"步骤。

第三步:基于规则特征提取

这里以提取居住房屋为例来说明规则分类的操作过程。

(1)首先分析影像中容易跟居住房屋错分的地物,有道路、森林、草地以及房屋旁边的水泥地。点击 ➕ 按钮,新建一个类别,在右侧"Class Properties"下修改好类别的相应属性,如图6-4所示。

图 6-4 修改类别的相应属性

(2)根据第一条属性描述,划分植被覆盖区和非覆盖区。

在默认的属性"Spectral Mean"上单击,激活属性,右边出现属性选择面板。"Type"下拉选择"Spectral","Band"下拉选择"Normalized Difference"。在第一步自定义波段中选择的波段是红色和近红外波段,所以在此计算的是 NDVI。把"Show Attribute Image"勾上,可以看到计算的属性图像。

通过拖动滑条或者手动输入确定阈值,这里设置阈值最大为 0.3。在预览窗口里显示为红色,如图 6-5 所示。

在"Advanced"面板,有 3 个类别归属的算法:二进制、线性和二次多项式。选择二进制方法时,权重为 0 或者 1,即完全不匹配和完全匹配两个选项;当选择线性和二次多项式时,可通过"Tolerance"设置匹配程度,值越大,其他分割块归属这一类的可能性就越大。这里选择类别归属算法为"Linear",分类值"Tolerance"为默认的 5,如图 6-6 所示。

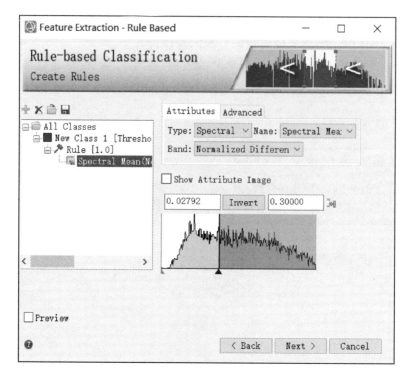

图6-5 拖动滑条或者手动输入确定阈值

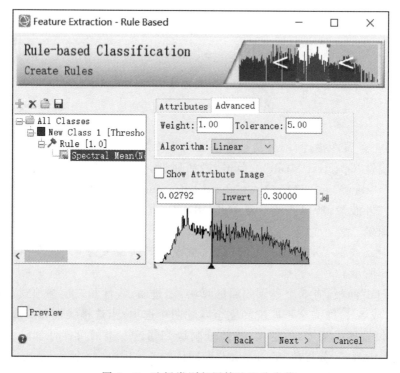

图6-6 选择类别归属算法和分类值

(3) 第二条属性描述，剔除道路干扰。

居住房屋和道路的最大区别是房屋为近似矩形，可以设置"Rectangular Fit"属性。在"Rule"上右键选择"Add Attribute"按钮，新建一个规则，在右侧"Type"中选择"Spatial"，在"Name"中选择"Rectangular Fit"。设置值的范围是 0.5～1，其他参数为默认值。

操作提示：预览窗口默认是该属性的结果，点击"All Classes"，可预览几个属性共同作用的结果。

同样的方法设置：

"Type→Spatial"；"Name→Area"——Area＞45

"Type→Spatial"；"Name→Elongation"——Elongation＜3

(4) 第三条属性描述，剔除水泥地干扰。

"Type→Spectral"；"Name→Spectral Mean"，"Band→GREEN"——Spectral Mean(GREEN)＜650。

点击"All Classes"，如图 6-7 所示，规则设置好后，点击"Next"按钮。

图 6-7　最终的 Rule 规则和预览图

操作提示：单击按钮 ![icon]，打开"屋顶-rule.rul"，可以导入预先设置的规则。

第四步：输出结果

特征提取可以选择以下结果输出：矢量结果及属性、分类图像及分割后的图像，还有高级输出，包括属性图像和置信度图像，辅助数据包括规则图像及统计输出，如图 6-8 所示。

选择矢量文件及属性数据一块输出，规则图像及统计结果输出。点击"Finish"按钮完成输出。可以查看房屋信息提取的矢量结果和属性表，如图 6-9 所示。

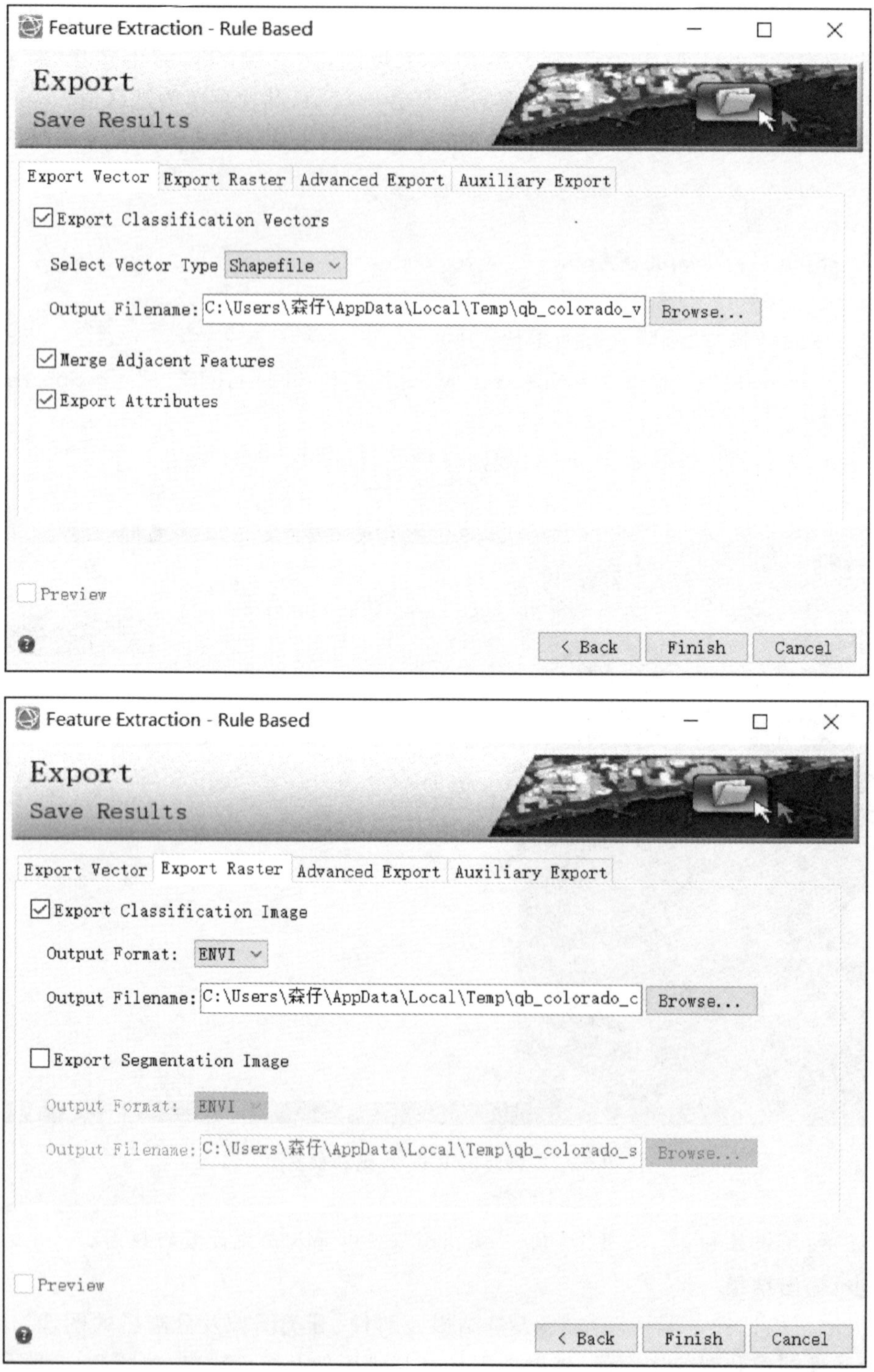
Feature Extraction - Rule Based
Export
Save Results
Export Vector
Export Raster
Advanced Export
Auxiliary Export
Export Classification Vectors
Select Vector Type
Shapefile
Output Filename:
C:\Users\森仔\AppData\Local\Temp\qb_colorado_v
Browse...
Merge Adjacent Features
Export Attributes
Preview
< Back
Finish
Cancel
Feature Extraction - Rule Based
Export
Save Results
Export Vector
Export Raster
Advanced Export
Auxiliary Export
Export Classification Image
Output Format:
ENVI
Output Filename:
C:\Users\森仔\AppData\Local\Temp\qb_colorado_c
Browse...
Export Segmentation Image
Output Format:
ENVI
Output Filename:
C:\Users\森仔\AppData\Local\Temp\qb_colorado_s
Browse...
Preview
< Back
Finish
Cancel

图 6-8　结果输出

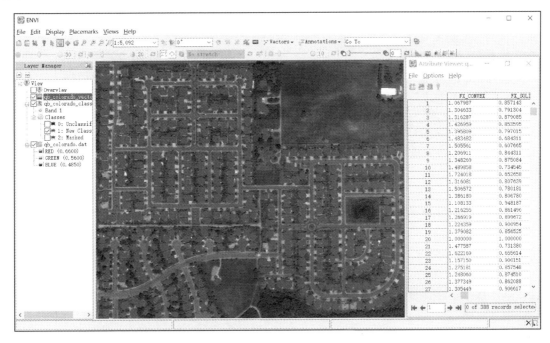

图 6-9 房屋信息提取的矢量结果和属性表

(二)基于样本的面向对象信息提取

基于样本进行图像分类,即监督分类,是利用训练样本数据去识别其他未知对象,包括定义样本、分类方法选择和输出结果3个步骤。

第一步:选择数据

(1)在主界面中选择"File→Open",打开"imperial_valley_subset.dat"数据。

(2)启动"Toolbox",选择"Feature Extraction→Example Based Feature Extraction Workflow"流程化工具面板。

(3)在"Input Raster"选项中选择"imperial valley subset.dat"数据。

(4)切换到"Custom Bands"选项,勾选"Normalized Difference",自动选择(在有中心波长的情况下)红色和近红外波段计算 NDVI,勾选"Corlor Space"用于 RGB 计算 HIS 空间。

(5)单击"Next"按钮,如图 6-10 所示。

第二步:分割对象

(1)在图层管理(Layer Manager)中右键单击"imperial_valley_subset_stacked.dat",在弹出的菜单中选择"Change RGB Bands",分别选择波段 4、3、2,对应 R、G、B,单击"OK"按钮,以标准假彩色方式显示图像。

(2)在图像分割参数设置面板中设置 Scale Level=50,Merge Level=80,分别按回车键,其他默认。

(3)单击"Next"按钮。

第三步:基于样本图像分类

经过图像分割和合并之后,进入到监督分类的界面,如图 6-11 所示。

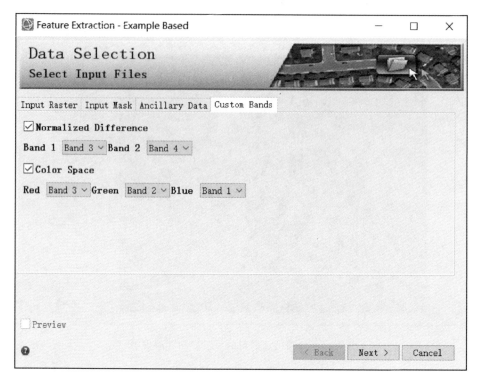

图 6-10 输入数据选择

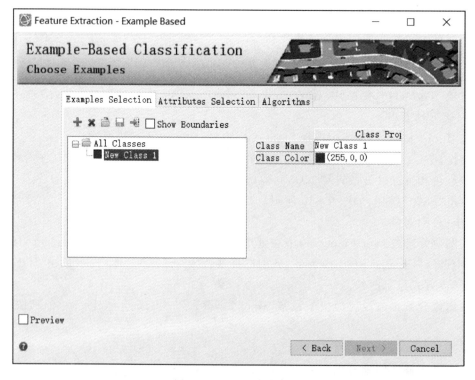

图 6-11 监督分类界面

1) 选择样本

对默认的一个类别,在右侧的"Class Properties"中修改:"类别名称(Class Name)→生长作物""类别颜色(Class Color)→红色(255,0,0)"。

在分割图上选择一些样本,为了方便样本的选择,可以在左侧图层管理中将"Region Means"图层关闭,显示原图,选择一定数量的样本,如果错选样本,可以在这个样本上点击鼠标左键删除。

操作提示:可以勾选"Show Boundaries"显示分割边界,方便样本选择。

一个类别的样本选择完成之后,新增类别 ,用同样的方法修改类别属性和选择样本。在选择样本的过程中,可以随时预览结果。可以把样本保存为.shp文件以备下次使用。

操作提示:点击 按钮可以将真实数据的 Shapefile 矢量文件作为训练样本。

这里建立 5 个类别:生长作物、休耕地、早期或晚期作物、非耕地、水体,分别选择一定数量的样本,如图 6-12 所示。

图 6-12　选择样本

2) 样本属性选择

切换到"Attributes Selection"选项。默认是所有的属性都被选择,这些样本的属性将被用于后面的监督分类。可以根据提取的实际地物特性选择一定的属性。这里按照默认全选,如图 6-13 所示。

3) 分类方法选择

切换到"Algorithms"选项。ENVI Feature Extraction 提供了 3 种分类方法:K-近邻法(KNN)、支持向量机(SVM)和主成分分析法(PCA)。本示例选择"KNN",K 参数设置为 5,去掉"Allow Unclassified"选项,如图 6-14 所示,点击"Next"按钮,输出结果。

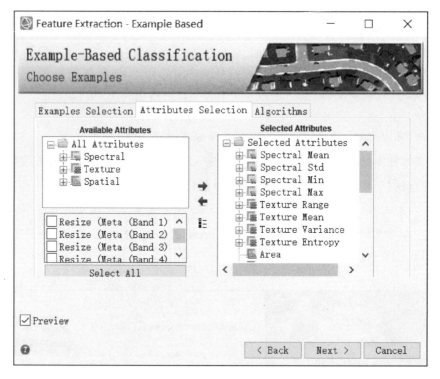

图 6-13 样本属性选择

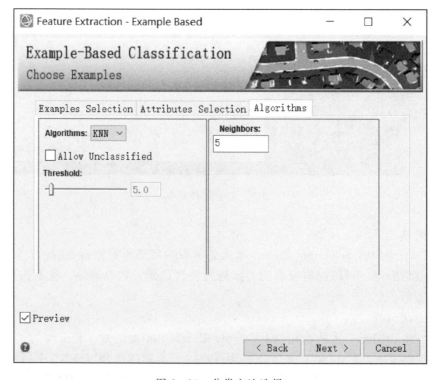

图 6-14 分类方法选择

第四步:输出结果

在"Export"步骤可以选择输出多种类型的结果文件,唯一不同的是"Auxiliary Export"选项卡,基于样本图像分类可选择输出为训练样本(Export Feature Examples)到本地文件(.shp)。

(三)面向对象图像分割

ENVI Feature Extraction 中提供了只进行面向对象图像分割的工具,主要有 3 个步骤,分别为选择数据、发现对象(图像分割与合并)和输出结果。

(1)在主界面中选择"File→Open",打开数据"qb_colorado.dat"。

(2)在"Toolbox"工具箱中双击"Feature Extraction→Segment Only Feature Extraction Workflow"工具,启动面向对象图像分割的流程化工具。

(3)在"Input Raster"选项卡中单击"Browse"按钮,选择输入数据,其他参数选择默认设置,单击"Next"按钮进入下一步。

(4)在"Object Creation"步骤中,设置分割和合并尺度,分别设置为"Scale Level = 40, Merge Level = 90"。其他参数默认,单击"Next"按钮进入下一步。

(5)在"Export"步骤中,可以根据需要输出结果文件,单击"Finish"按钮完成。

生成的矢量结果利用 ENVI 矢量工具,通过目视方式确定和选择矢量要素的类别。

六、实验任务

以第三章实验任务获得的 2016 年 Landsat 8 全色和多光谱波段融合影像或给定的高分辨率遥感影像为实验数据,完成以下任务。

(1)基于规则的面向对象信息提取:选择一个典型区域来自定义对象(建筑用地、林地、水体、耕地),确定各类地物对象的分割与合并阈值以及信息提取的规则。在此基础上,使用定义好的分类规则从整景图像上提取各类地物的信息,并以"Shapefile"矢量格式输出。

(2)基于样本的面向对象信息提取:经过图像分割和合并之后,进入到监督分类的界面,为自定义对象(建筑用地、林地、水体、耕地)选取一定数量的参考对象并设置属性;从 3 种分类方法中任选一种从整景图像上提取建筑用地、林地、水体、耕地信息,并以"Shapefile"矢量格式输出。

(3)实验结果:将上述实验结果输出为"Shapefile"格式,文件命名为"x_任务名称.shp"。将所有文件存储在自定义的目录中。

第七章 高光谱遥感数据采集

一、实验目的

熟悉美国 ASD 公司 FieldSpec 3 便携式光谱分析仪的使用方法,巩固光谱采集的相关知识,并掌握不同地物的采集原理、方法与操作流程;学会使用 ViewSpec Pro 软件对采集的光谱数据进行处理,并能够对几种典型的地物光谱进行区分和辨别。

二、实验内容

本实验主要涉及野外光谱分析仪的原理和操作使用以及对采集后的地物光谱特征曲线进行辨别分析。

三、实验原理

太阳辐射光谱是连续光谱,按波长的不同分为γ射线、X射线、远紫外线、中紫外线、近紫外线、可见光、近红外线、中红外线、远红外线和微波(图 7-1)。由太阳辐射光谱能量分布可以看出,太阳辐射光谱的能量在可见光和近红外波段最强,占整个太阳辐射能量的 80%,相应的地物反射光谱能量也高,有利于仪器的探测。目前,高光谱遥感所获取的波段也集中在此范围并略有扩展。相应的地面光谱测试仪器的探测波长范围为 350~2 500nm。

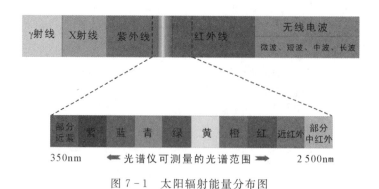

图 7-1 太阳辐射能量分布图

太阳光照射到不同地物表面后,它的能量发生 3 个方面的变化,一部分能量被反射,一部分能量被吸收,一部分能量被透射。对于高光谱遥感,太阳辐射能量到达地表后被不同地物反射的能量部分是它探测的主要对象。而地面光谱测试所获取的光谱数据也是太阳辐射能量到达地表后被不同地物反射的那部分能量中的一部分。

野外条件下,太阳辐照度的测定可以借助一个标定好的朗伯体作为反射参考板,利用便携式地物光谱分析仪测定参考板的辐亮度光谱,从而计算太阳光源到达地表的辐照度光谱。当太阳辐照度测定后,同步测定目标反射的辐亮度光谱能够得到目标地物的反射率光谱特征曲线。

四、实验仪器相关介绍

(一)主要特点和仪器参数

ASD FieldSpec 3 便携式光谱分析仪主要由附属手提电脑、观测仪器、手枪式把手、光纤光学探头及连接数据线组成(图 7-2),该仪器是美国 ASD 公司的产品,适用于从遥感测量、作物监测、森林研究到工业照明测量、海洋学研究和矿物勘察的各方面应用。该仪器具有极高的光谱分辨率和可选多种波长范围,能够实时测量并观察反射、透射、辐射度(选项)光谱特征曲线,并实时显示绝对反射比(需要定标的白板数据)。光谱分析仪主机(图 7-3)重量只有 8kg,非常便于携带,可用电池操作或通过汽车点烟器供电;仪器功耗低,电池工作时间最长可达 9h。可选附件齐全,包括反射探头、透射或反射式余弦接收器、积分球、叶片探头、不同视场角镜头、不同长度的光纤等。ASD FieldSpec 3 光谱分析仪的主要参数如表 7-1 所示。

RS3 是一款基于 Windows 的程序软件,主要用于优化 FieldSpec 光谱分析仪采集的数据,包括 Raw DN、反射率、辐射亮度/辐射照度。所有采集的光谱特征数据均为 ASD 文件格式,可以使用 ViewSpec Pro 软件打开并进行后处理。

图 7-2　ASD FieldSpec 3 便携式光谱分析仪

图 7-3　ASD FieldSpec 3 便携式光谱分析仪主机

表 7-1　光谱仪主机参数

光谱范围	350～2 500nm,350～1 050nm
最快采集速度	100ms,17ms
光谱分辨率	3nm@350～1 000nm 10nm@1 000～2 500nm 8.5nm@1 000～1 900nm(Hi-Res) 6.5nm@1 700～2 500nm(Hi-Res)
采样间隔	1.4nm@350～1 000nm,2nm@1 000～2 500nm
数据间隔	1nm
等效辐射噪声	NEΔL
波长精度	+/−1nm
杂散光	优于 0.02%@350～1 000nm 优于 0.1%@1 000～2 500nm
重复性	优于 0.3%
灵敏度调整	全自动
波长重复性	+/−0.02nm
配件	标准光谱仪系统的辐射度校准、全天光余弦接收器与标准光谱仪系统的辐射度标定、白板、植被探头、植被探头 1.5m 长供电电缆、叶片夹持器、白板帽、室内试验用照明光源（两套）、照明光源备用灯泡（两个）、可充电镍氢电池、光谱库磁盘阵列、光谱分析处理工作站

(二)野外测量方法和工作规范

(1)目标选取：选取测量目标要具有代表性，能真实反映被测目标的平均自然性。对于植被冠层及用物的测量应考虑目标和背景的综合效应。

(2)能见度的要求：对一般无严重大气污染地区，测量时的水平能见度要求不小于 10km。

(3)云量限定：太阳周围 90°立体角，淡积云量，无卷云、浓积云等，光照稳定。

(4)风力要求:测量时间内风力小于5级,对植物,测量时风力小于3级。

(5)测试方法:在上午11:30~14:30(北京时间)进行测量,每种地物光谱测量前,对准标准参考板进行定标校准,得到接近100%的基线,然后对着目标地物测量;为使所测数据能与卫星传感器所获得的数据进行比较,测量仪器均垂直向下进行测量。

(三)野外光谱测量注意事项

(1)仪器的位置:仪器向下正对着被测物体,至少保持与水平面的法线夹角在±10°之内,保持一定的距离,探头距离地面高度通常在1.3m,以便获取平均光谱。视域范围可以根据相对高度和视场角计算。如果有多个探头可选,则在野外尽量选择宽视域探头。测量植物冠层光谱时,注意测量最具代表性的物种。

(2)传感器探头的选择:当野外地物范围比较大,物种纯度比较高,观测距离比较近时,选用较大视场角的探头;当地物分布面积较小,或者物种在近距离内比较混杂,或需要测量远处地物时,则选用小视场角的探头。

(3)避免阴影:探头定位时必须避免阴影,人应该面向阳光,这样可以得到一致的测量结果。野外大范围测试光谱数据时,需要沿着阴影的反方向布置测点。

(4)白板反射校正:天气较好时每隔10min就要用白板校正一次,防止传感器响应系统的漂移和太阳入射角的变化影响,如果天气较差,校正应更频繁。校正时白板应放置水平。

(5)防止光污染:不要穿戴浅色、特色衣帽。因穿戴白色、亮红色、黄色、绿色、蓝色的衣帽,会改变反射物体的反射光谱特征。要注意避免自身阴影落在目标物上。当使用翻斗卡车或其他平台从高处测量地物目标时,要注意避免金属反光,如果有,则需要用黑布包住反光部位。

(6)采集辅助数据:必须在测试地点采集GPS数据,详细记录测点的位置、植被覆盖度、类型以及异常条件、探头的高度,配以野外照相记录,便于后续的解译分析。

五、实验步骤

(一)测量准备工作

(1)光谱分析仪、便携式电脑充电。

操作提示:光谱仪电量不足时红灯闪亮,充满电后绿灯亮;如果黄灯闪亮,说明过热,需要等待一段时间。

(2)安装适当的镜头或其他附件(如GPS、余弦接收器等),并准备好白板。

(3)依次打开光谱仪电源及便携式电脑电源,并启动电脑上相应RS3软件(图7-4)。

操作提示:野外使用时一般用黑白界面的FR程序,室内一般使用彩色FR界面;在软件上选择相应的镜头并调整光谱、暗电流和白板采集平均次数。

(4)在RS3软件界面上点击菜单命令"Controladjust→Configuration",打开"Instrument Configuration"对话框(图7-5),选择相应的镜头并调整光谱、暗电流和白板采集平均次数。

(5)在RS3软件中点击菜单命令"Controladjust→Spectrum Save",打开"Spectrum Save"对话框(图7-6)。在该对话框中选择或自定义存储数据的路径、名称和其他相关内容。

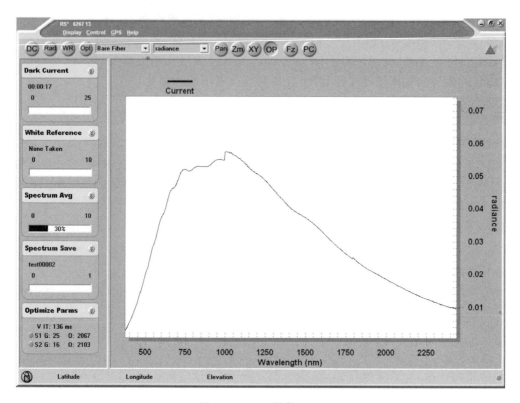

图 7-4　RS3 软件界面

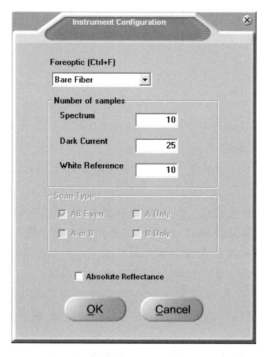

图 7-5　RS3 中的"Instrument Configuration"对话框

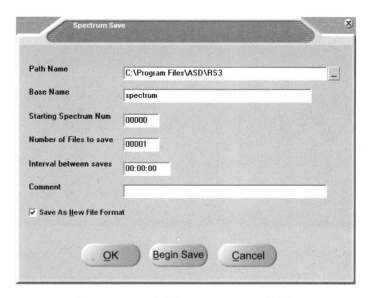

图 7-6　RS3 中的"Spectrum Save"对话框

操作提示：存储数据时，不要与 RS3 软件存储在同一路径下，以避免混淆。若点击"Spectrum Save"对话框上的"OK"按钮，则存储参数而不存储光谱曲线数据；若点击"Begin Save"按钮，则存储屏幕显示的光谱曲线数据。

(二)光谱采集过程

（1）测量地物光谱前，对准标准参考板进行定标校准，点击 RS3 软件界面上的"OPT"按钮，探头垂直对准白板。

操作提示：白板必须充满镜头视场。工作过程中特别是开始工作的前半个小时内每隔一定时间做一次优化并且注意每隔 3～5min 采集一次暗电流，测量暗电流按 RS3 软件界面上的"DC"按钮。可以查看计算机界面右下角的优化进行情况，当优化完成后，若中间曲线占界面一半时，证明优化成功，否则重新优化，当左边出现红色的"Saturature"，则重新优化，直至优化成功。

（2）优化完成后，镜头仍然垂直对准白板，点击 RS3 软件界面上的"WR"按钮采集白板参比光谱。此时，软件自动进入反射率测量状态。

操作提示：查看计算机中间界面，若这时出现一条水平线，且反射率为 1.0，完成操作，否则，重新进行操作。

（3）镜头移向被测目标，对地物进行测量时，将仪器向下正对着被测物体，保持一定的距离，探头为 25°视场角，根据地面视场范围计算探头距离地面高度（图 7-7）。

（4）探头垂直对准目标物，探头稳定后，按电脑上的空格键存储采集到的目标反射光谱，对同一地物测量 5 次，以便获取平均光谱。

（5）采集完成后，将光谱特征数据拷贝到 U 盘中待用或留在原机保存，依次关闭便携式电脑电源及光谱分析仪电源，取下镜头及其他附件，装好白板，将光纤探测头整理好，收回到仪器包中（注意光纤不可过硬弯折）。

图 7-7 FieldSpec 3 光谱分析仪数据采集示范图

(三)数据整理过程

(1)打开 ViewSpec Pro 软件,如图 7-8 所示,设置默认路径为"ViewSpec Pro"文件夹。选择菜单命令"Setup",修改"Input Directory"路径,同时默认修改"Output Directory"路径为存储光谱数据的文件夹。

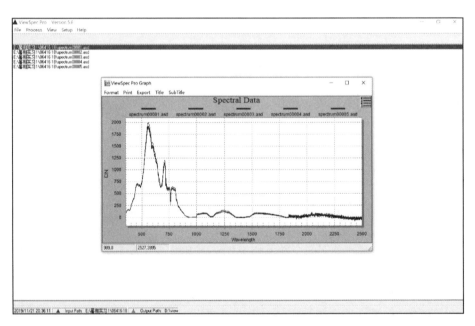

图 7-8 ViewSpec Pro 软件主界面

(2)选择菜单命令"File→Open",打开采集的光谱数据,再选择菜单命令"View→Graph",打开"ViewSpec Pro Graph"对话框,如图 7-9 所示,选择要打开的光谱特征数据。在该对话框中点击菜单命令"Format",能够将光谱数据在 DN、reflectance(No Derivatite,1st Derivatite,

2nd Derivatite)、Transmittance 等之间相互转化,其中最常用的是 reflectance(No Derivatite, 1st Derivatite)。

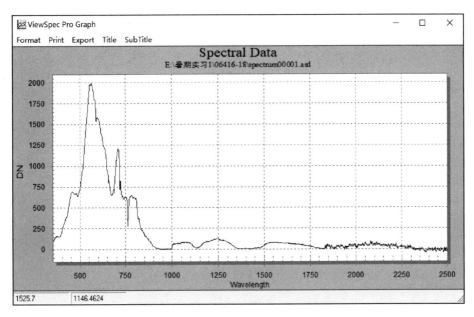

图 7-9 "ViewSpec Pro Graph"对话框

(3)在"ViewSpec Pro Graph"对话框中点击菜单命令"Export",打开"Exporting Spectral Data"对话框,如图 7-10 所示。在该对话框中通过"Export"栏的单选按钮,确定输出文件的格式;通过"Export Destination"栏的单选按钮,选择数据存储的位置。最后,点击对话框中的"Export"按钮来输出文件。

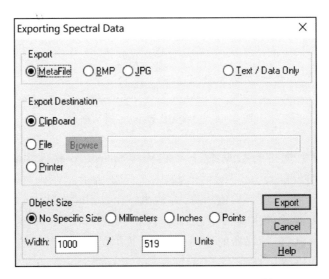

图 7-10 "Exporting Spectral Data"对话框

(4)若需要将光谱数据通过 ASCII 码的方式输出,点击主菜单中的"Process→ASCII Export",打开"ASCII Export"对话框,如图 7-11 所示。在该对话框中选择数据的格式(DN,Reflectance,Radiance/Irradiance),勾选"Output to a Single File"复选框,点击"OK"按钮。

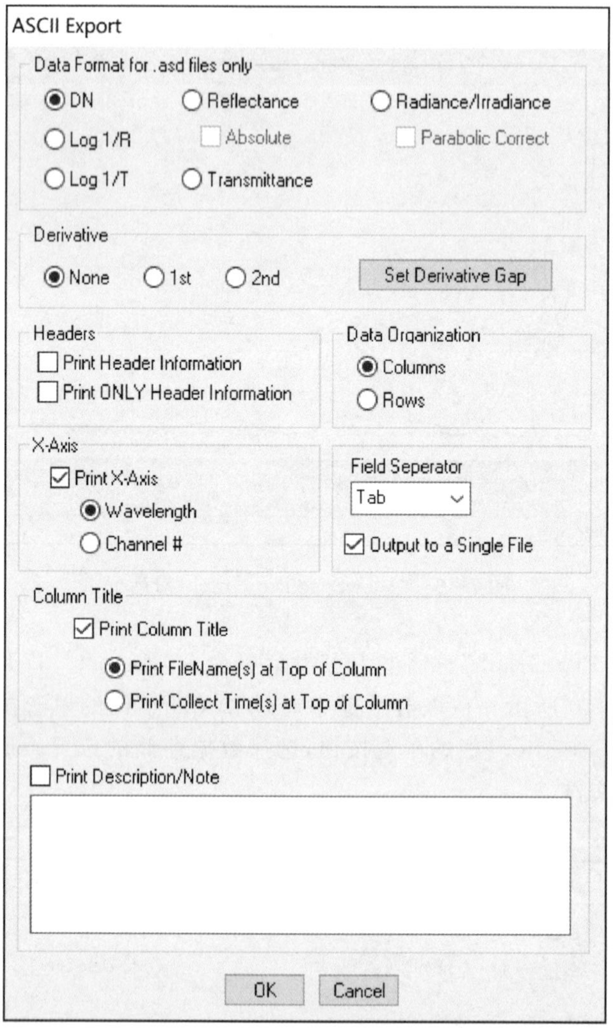

图 7-11 "ASCII Export"对话框

(5)对采集的光谱数据进行数据统计。在 ViewSpec Pro 软件主界面上选择菜单命令"Process→Statistic",打开"Statistic"对话框,如图 7-12 所示。在该对话框中勾选"Mean"选项,软件会自动对打开的数据进行均值运算,并输出一个".mn"文件。

(6)在 ViewSpec Pro 软件主界面上选择菜单命令"View→Header Information",则显示的是载入数据的具体信息,包括仪器的序列号、采集数据的时间、当时的积分时间以及操作软件和数据分析软件的版本等信息(图 7-13)。

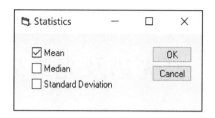

图 7-12 "Statistics"对话框

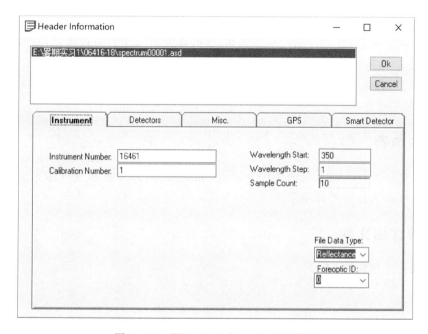

图 7-13 "Header Information"对话框

六、实验任务

(1) 熟悉光谱仪的基本原理和操作方法,能熟练操作光谱仪对地物进行光谱采集。

(2) 测量试验区的植被、水体、土壤、道路的光谱特性。要求测定不同植被、水、土壤、道路的波谱特征曲线,即每类地物至少选择 5 个小类(或样本)。

(3) 描述所采集的地物光谱特征,寻找 5 个以上特征波段将采集的地物进行有效区分,并辅以图进行说明。

第八章 高光谱及光谱分析技术

一、实验目的

熟悉在ENVI中进行地物波谱的基本操作,掌握高光谱图像的可视化操作;掌握使用ENVI进行端元波谱前处理;掌握端元提取基本概念,并学会利用ENVI通过几何顶点、PPI、SMACC进行端元提取。掌握使用ENVI进行端元波谱收集和高光谱影像分类;了解基本混合像元分解方法。

二、实验内容

本实验主要涉及高光谱影像的波谱分析、端元提取、图像分类和混合像元分解功能,通过实验进一步掌握这类处理的理论原理。

三、实验数据文件

实验数据文件见表8-1。

表8-1 实验数据文件

文件	描述
usgs_min.sli	USGS矿物波谱文件
usgs_min.hdr	USGS矿物波谱头文件
CupriteReflectance.dat	高光谱影像主文件
CupriteReflectance.hdr	高光谱影像头文件
CupriteReflectance.sta	高光谱影像数据文件

四、实验原理

ENVI对地物波谱提供了很好的支持,ENVI的波谱库文件是以图像文件格式保存的,包括一个二进制的数据文件(.sli)和一个头文件(.hdr)。ENVI自带5种标准库,存储在"…\ITT\IDL71\products\envi47\speclib",分别在5个文件夹中。ENVI也可以从波谱源中创建波谱库,波谱来源包括ASCII文件、由ASD波谱仪获取的波谱文件、标准波谱库、感兴趣区均值、波谱剖面和曲线等,并提供了重采样功能。

对于图像波谱可视化分析,ENVI 提供了图像波谱分割工具,也提供了图谱立方体工具把通常的二维图像显示添加了波谱维。

端元波谱作为高光谱分类、地物识别和混合像元分解过程中的参考波谱,与监督分类中的分类样本具有类似的作用。最简单的端元波谱途径是选择已知波谱,这些已知波谱可以是来自标准波谱库中的波谱,也可以是波谱仪器测量出的波谱等;也可以从图像本身的像元波谱中获得,这些像元一般只包含一种地物的纯净像元,还常常采用前面两种方法的结合。

由于高光谱影像数据维数高、噪声多,为减少图像数据维数、分离数据中的噪声,减少后处理中的计算量,需要对高光谱影像进行最小噪声分离(Minimum Noise Fraction,MNF),将主要信息集中在前面几个波段中。使用 MNF 变换从数据中消除噪声的过程为:首先进行正向 MNF 变换,判定哪些波段包含相关图像,选择"好"波段或者平滑噪声波段,然后进行反向 MNF 变换。

ENVI 中的纯净像元指数(Pixel Purity Index,PPI)工具可以寻找图像中最"纯"的像元,像元 DN 值表示像元被标记为极值的次数,DN 值越大,表示像元纯度越高。

ENVI 对高光谱图像提供了完整的 n 维可视化(n-D Visualizer)工具,可用于定位、识别、聚集数据中最纯的像元,从而获取纯净的端元波谱。

要获取纯净端元,本书中主要介绍 3 种通过 ENVI 进行端元提取的方法。包括基于几何顶点、基于 PPI 和基于连续最大角锥(Sequential Maxium Angle Convex Cone,SMACC)。

借助 ENVI 中的端元波谱收集器工具,可以同时完成端元波谱收集和高光谱图像分类。常见的高光谱分类方法包括光谱角填图、二进制编码和光谱信息散度。

地球自然表明几乎不是由均一物质组成的,当具有不同波谱属性的物质出现在同一个像素内时,就会出现波谱混合现象,即混合像元(Mixed Pixel)。ENVI 提供了混合像元的分解工具,包括线性波谱分离、匹配滤波、混合调谐匹配滤波、最小能量约束、自适应一致估计、正交子空间投影、光谱特征拟合和多范围光谱特征拟合。

五、实验步骤

(一)波谱库建库及重采样

该实验通过 ENVI 自带的标准波谱库,完成波谱库文件的浏览、创建、交互浏览、波谱重采样等操作。

1. 浏览标准波谱库

(1)在 ENVI 主菜单中选择菜单命令"Spectral→Spectral Libraries→Spectral Library Viewer"。

(2)打开"Spectral Library Input File"对话框后,单击"Open→Spectral Library"选择实验数据文件"*.sli",点击"OK"按钮,打开"Spectral Library Viewer"对话框,如图 8-1 所示。

(3)在"Spectral Library Viewer"对话框中可以看到波谱库中各个地物波谱库列在上面,选择对应地物波谱后单击"Plots"窗口,会在"Endmember Collection Spectra"窗口中显示这个地物的波谱曲线。

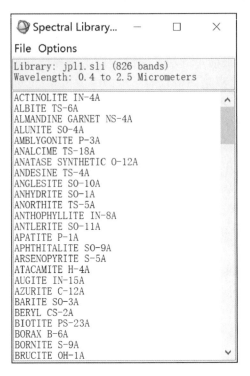

图 8-1 "Spectral Library Viewer"对话框

2. 波谱库创建

(1)在 ENVI 主菜单中选择菜单命令"Spectral→Spectral Libraries→Spectral Library Builder",打开"Spectral Library Builder"对话框。

(2)从"Data File""ASCII File"和"First Input Spectrum"3个选项中选择一项,为波谱库选择波长范围和 FWHM 值,此处选择"First Input Spectrum"。

(3)打开"Spectral Library Builder"对话框后,如图 8-2 所示,可以从各种数据源中收集波谱。

(4)在 ENVI 主菜单中选择菜单命令"File→Open Image File"打开"CupriteReflectance.dat"高光谱数据并显示,在显示框中选择"Tools→Profiles→Z Profile(Spectrum)",即可以得到图上任意点的波谱信息,然后在打开的"Spectral Profiles"对话框中选择"Options→Collect Spectra",收集波谱信息。

(5)返回"Spectral Library Builder"对话框,选择"Import→From Plot Windows",将收集的波谱选择导入,并修改"Spectrum Name"和"Color"等字段。

(6)在"Spectral Library Builder"对话框中选择"File→Save Spectra As→Spectral Library File",打开"Output Spectral Library"对话框,如图 8-3 所示,并输入相关参数,然后输入路径和文件名,保存文件。

操作提示:"Output Spectral Library"对话框中各参数可以根据波谱情况调节。

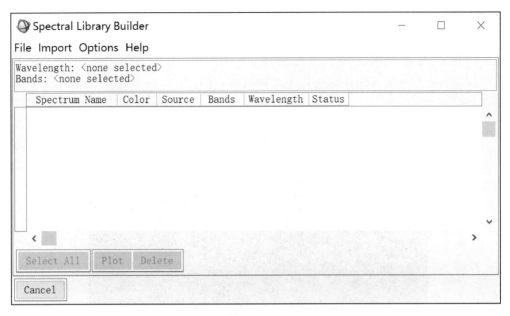

图 8-2 "Spectral Library Builder"对话框

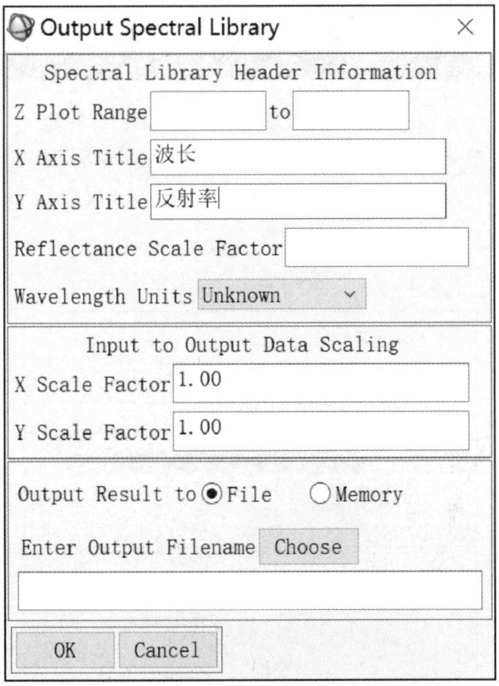

图 8-3 "Output Spectral Library"对话框

3. 波谱库交互浏览

波谱库浏览器提供很多交互功能，包括设置波谱曲线的显示样式和添加注记。

（1）在 ENVI 主菜单中选择菜单命令"Spectral→Spectral Libraries→Spectral Library Viewer"，打开一个标准波谱库并浏览其中地物波谱，打开"Spectral Library Plots"窗口，如图 8-4 所示。

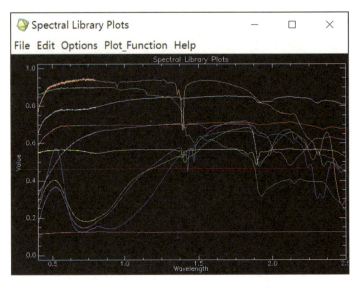

图 8-4 "Spectral Library Plots"对话框

（2）选择"Edit→Data Parameters"，在"Data Parameters"对话框（图 8-5）中调整相应参数，就可以调整波谱曲线的显示样式。

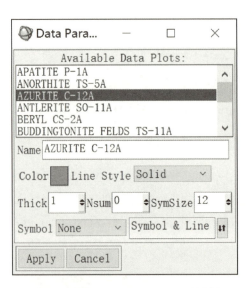

图 8-5 "Data Parameters y"对话框

（3）选择"Option→Annotate Plot"，打开"Annotation:Text"对话框，可以添加文字、图形、图像等注记，单击"Object"按钮，选择注记类型后，在"Spectral Library Plots"窗口中单击鼠标左键添加，或者单击鼠标中键删除，单击鼠标右键确认添加。

（4）选择"Option→Plot Key"自动将波谱标签添加，标签的名称和颜色可以在"Edit→Data Parameters"中修改。

操作提示：若要将不同窗口中的波谱曲线放在同一窗口中比较，可以用鼠标左键拖到同一窗口，并使用"Stack Data"统一标准来显示。

4.波谱重采样

波谱重采样可以使得波谱与其他一些波谱相匹配，要进行波谱重采样，可按以下方式。

（1）从 ENVI 主菜单中选择菜单命令"Spectral→Spectral Libraries→Spectral Library Resampling"，从"Spectral Resampling Input File"对话框中选择一个 ENVI 波谱库文件，并点击"OK"按钮。

（2）在"Spectral Resampling Parameters"对话框中，为"Resample Wavelength to"标签选择一种匹配源，如图 8-6 所示。

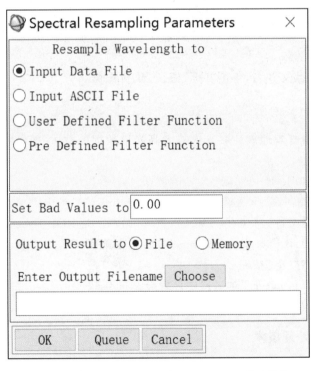

图 8-6 "Spectral Resampling Parameters"对话框

（3）选择输出路径和文件名，单击"OK"按钮。

操作提示：建议不要将低光谱分辨率光谱重采样到高光谱分辨率中，因为生成的结果是不真实的。

(二)图像波谱可视化分析

1. 图像波谱分割

图像波谱分割可以提取某多波段图像在某一个方向上的波谱剖面,可以通过水平、垂直、任意方向进行分割。要进行水平方向的分割,可按以下方式。

(1)在 ENVI 主菜单中选择菜单命令"Spectral→Spectral Slices→Horizontal Slice",在"Spectral Slice Input File"对话框中选择"CupriteReflectance.dat"图像文件,打开"Spectral Slice Parameter"对话框。

(2)在"Line"文本框中键入用于水平分割的行数。

(3)选择输出路径及文件名,单击"OK"按钮,执行操作。

操作提示:垂直方向(Vertical)与水平方向的操作类似,请自行操作。

要进行任意方向的分割,可按以下方式。

(1)在 ENVI 主菜单中选择菜单命令"Spectral→Spectral Slices→Arbitrary Slice",在"Spectral Slice Input File"对话框中选择一个图像文件,打开"Spectral Slice Parameter"对话框。

(2)如果当前只定义了一个感兴趣区,它将自动用于任意方向的分割。如果存在多个感兴趣区,在"Select Region for Spectral Slice"列表中点击所需的感兴趣区,以选择用于分割的感兴趣区。

(3)选择输出路径及文件名,单击"OK"按钮,执行操作。

2. 波谱重采样

图谱立方体可以很直观地表达多光谱或者高光谱数据的整体,要绘制图谱立方体,可按以下方式。

(1)打开"CupriteReflectance.dat"高光谱数据。

(2)在 ENVI 主菜单中选择菜单命令"Spectral→Build 3D Cube",在"3D Cube Input File"对话框中选择一个图像文件,单击"OK"按钮,打开"3D Cube RGB Face Input Bands"对话框。

(3)在"3D Cube RGB Face Input Bands"对话框中选择所需的波段,选择置于图像立方体表面的 RGB 波段,单击"OK"按钮。

(4)在"3D Cube Parameters"对话框中设置合适的参数。

(5)选择输出路径及文件名,单击"OK"执行,并在"Display"中显示结果,如图 8-7 所示。

(三)端元波谱前处理技术

1. 最小噪声分离

最小噪声分离(MNF)包括正向变换和反向变换,要进行正向变换,可按以下方式。

(1)在 ENVI 主菜单中选择菜单命令"Spectral→MNF Rotation→Forward MNF→Estimate Noise Statistics From Data",在 ENVI 文件选择对话框中选择"CupriteReflectance.dat"图像文件,打开"Forward MNF Transform Parameters"对话框,如图 8-8 所示,并设置参数。

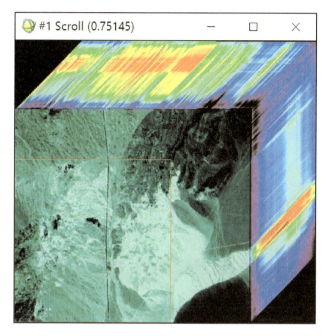

图8-7 高光谱数据图谱立方体

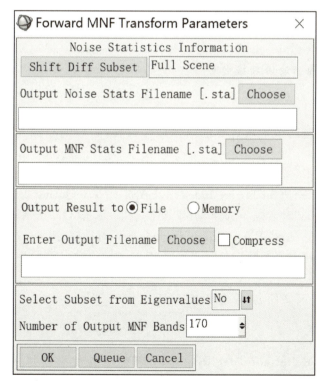

图8-8 "Forward MNF Transform Parameters"对话框

(2)单击"Shift Diff Subset"按钮,选择用于统计信息的空间子集,指定输出文件,通过"Select Subset from Eigenvalues"来选择 MNF 变换输出的波段数。

(3)单击"OK"按钮,执行 MNF 变换。

(4)MNF 变换的结果会显示在波段列表中,同时产生一个 MNF 特征值曲线。

要进行逆向 MNF 变换,可按以下方式。

(1)在 ENVI 主菜单中选择菜单命令"Spectral→MNF Rotation→Inverse MNF Transform",在 ENVI 文件选择对话框中选择一个 MNF 变换结果文件,打开"Enter Forward MNF Stats Filename"对话框。

(2)选择正向 MNF 统计文件,单击"OK"按钮。

(3)在"Inverse MNF Transform Parameters"对话框中选择输出路径和文件名。

(4)在"Output Data Type"菜单中选择输出数据类型。

(5)单击"OK"按钮,执行处理。

使用"Apply Forward MNF to Spectra"工具可将端元波谱变换到 MNF 空间。

(1)在 ENVI 主菜单中选择菜单命令"Spectral→MNF Rotation→Apply Forward MNF to Spectra",在打开的"Forward MNF Statistics Filename"对话框中选择一个 MNF 统计文件,单击"OK"按钮,打开"Forward MNF Convert Spectra"对话框。

(2)在"Forward MNF Convert Spectra"对话框中选择"Import",然后选择一种波谱曲线数据源。

(3)单击"Apply"按钮执行波谱 MNF 变换。

操作提示:波谱曲线的 Y 轴范围要求与 MNF 变换文件的像元值范围一致,否则利用"Band Math"或者"Spectral Math"工具进行转换。"Apply Inverse MNF to Spectra"工具可以将 MNF 波谱变换回原始波谱数据空间。

2. 纯净像元指数

下面主要介绍快速纯净指数计算的具体操作过程,一般纯净像元指数计算的过程基本类似。

(1)对"CupriteReflectance.dat"图像文件进行 MNF 变换。

(2)选择"Spectral→Pixel Purity Index→[FAST] New Output Band"。在打开的"Pixel Purity Index Input File"对话框中选择 MNF 变换结果,单击"OK"按钮。

(3)在打开的"Fast Pixel Purity Index Parameters"对话框(图 8-9)中设置对应参数。其中,"Threshold Factor"阈值系数应为噪声等级的 2~3 倍,输入数据为 MNF 变换结果时,阈值选用 2 或 3。

(4)选择输出路径及文件名,单击"OK"按钮。

3. n 维可视化

(1)打开"CupriteReflectance.dat"图像的 MNF 变换结果,并绘制一定数量的感兴趣区。

(2)在 ENVI 主菜单中选择菜单命令"Spectral→n-Dimensional Visualizer→Visualize with New Data",在打开的"n-D Visualizer Input File"对话框中选择打开的 MNF 变换结果。

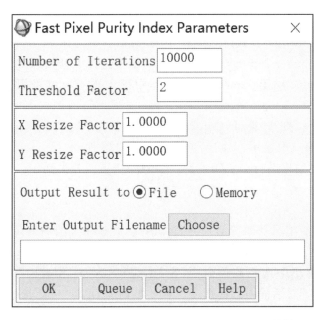

图 8-9 "Fast Pixel Purity Index Parameters"对话框

(3) 在打开的"n-D Controls"对话框[图 8-10(a)]的"n-D Select Bands"列表框中单击前 3 个波段,在"n-D Visualizer"窗口[图 8-10(b)]可以看到 3 个波段构成的三维散点图。

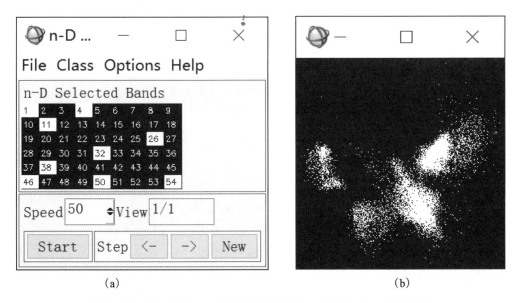

图 8-10 "n-D Controls"对话框(a)和"n-D Visualizer"窗口(b)

操作提示:"n-D Controls"窗口中具有丰富的功能,可以自行探索操作。

要进行自动聚类,可按以下方式。

(1)在 ENVI 主菜单中选择菜单命令"Spectral→n - Dimensional Visualizer→Auto Cluster",在打开的"n - D Precluster Input MNF File"对话框中选择 MNF 输入文件。

(2)在"n - D Precluster Input PPI Band"对话框中选择 PPI 输入文件。

(3)在"n - D Precluster Parameters"对话框中键入用于 n 维可视化器的输入数据的最大值。

(4)单击"OK"按钮,打开"n - D Controls"对话框和"n - D Visualizer"窗口,自动聚类结果在"n - D Visualizer"窗口中显示,不同颜色代表不同的类别。

(5)对自动聚类的结果进行必要的编辑,比如删除、重新分类操作。

4. 波谱分析工具

(1)利用"Z profile"工具获取待鉴别的波谱曲线,并显示在绘图窗口中。

(2)对参与比较的波谱库进行重采样,使它与未知波谱匹配。

(3)在 ENVI 主菜单中选择菜单命令"Spectral→Spectral Analyst"。在"Spectrum Analyst Input Spectral Library"对话框中选择用于比较的波谱库,单击"OK"按钮。打开"Edit Identify Methods Weighting"对话框。

(4)在"Edit Identify Methods Weighting"对话框(图 8 - 11)中为各种方法设定权重系数、最大最小值,并点击"OK"按钮。

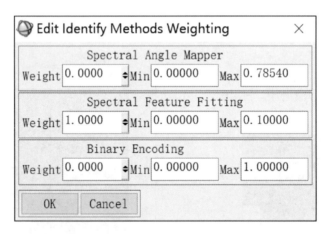

图 8 - 11 "Edit Identify Methods Weighting"对话框

(5)在"Spectral Analyst"对话框中单击"Apply"按钮,根据设置的权重进行匹配打分,如图 8 - 12 所示。

(6)匹配结果在列表中,结果包括波谱库中各个地物波谱对应每种匹配方法的分值和总分值,并按总分值由大到小排序。

(7)双击其中一行波谱库的波谱名称,将未知波谱和波谱库的波谱显示在一个图表窗口中。目视对比两个波谱曲线。

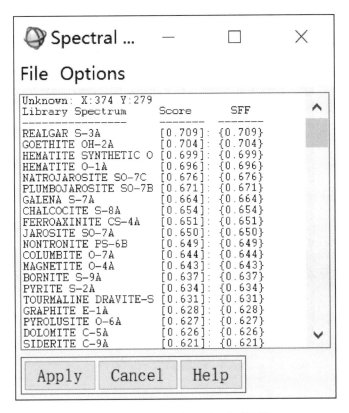

图 8 – 12 "Spectral Analyst"对话框

(四)端元波谱提取技术

1. 基于几何顶点的端元提取

(1)打开"CupriteReflectance.dat"高光谱数据。

(2)对打开的高光谱数据执行 MNF 变换,并选择 MNF 变换后的前三个波段作为 RGB 组分显示在"Display"中。

(3)在"Display"的主图像窗口中选择"Tools→2D Scatter Plots"。在"Scatter Plot Band Choice"对话框中选择 MNF 结果的第一个波段作为 Band X,第二个波段作为 Band Y,单击"OK"按钮,打开的"Scatter Plot"窗口则显示两个波段的二维散点图,如图 8 – 13 所示。

(4)在"Scatter Plot"窗口中选择一处凸出部分连续单击鼠标左键绘制一个多边形区域,单击鼠标左键可以取消绘制的多边形顶点,单击鼠标右键闭合多边形完成一个区域的选择。

(5)选择"Class→New",重复上一步绘制另外一个端元区域。

(6)重复上述两步,下面借助波谱曲线对选择的区域进行适当修改。

(7)在"Scatter Plot"窗口中,在选择的区域点云上点击鼠标右键,在"Scatter Plot"中绘制相应的波谱曲线。查看不同点云的波谱曲线,在"Scatter Plot"窗口中选择"Class→Items 1∶20→White",将波谱曲线差异太大的点云勾绘,从这一类中删除。

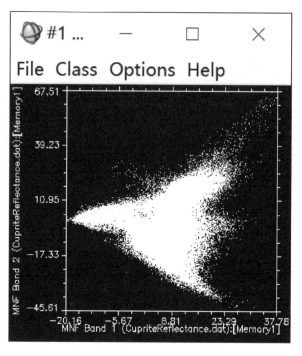

图 8-13 "Scatter Plot"窗口

(8)在"Scatter Plot"窗口中选择"Options→Mean All",在"Input File Associated with 2D Scatter Plot"对话框中选择原图像,单击"OK"按钮。

(9)获取的平均光谱曲线绘制在"Scatter Plot Mean"绘图窗口中。

(10)参考本书第六章中"波谱分析工具"内容,识别每条波谱曲线对应的地物类型。

(11)在"Scatter Plot Mean"绘图窗口中选择"File→Save Plot As→Spectral Library",将端元波谱保存为波谱库文件。

2. 基于 PPI 的端元提取

(1)打开"CupriteReflectance.dat"高光谱数据,并对它执行 MNF 变换。

(2)在 ENVI 主菜单中选择菜单命令"Spectral→Pixel Purity Index→[FAST] New Output Band"。在打开的"Pixel Purity Index Input File"对话框中选择 MNF 变换结果,单击"Spectral Subset"按钮,选择前面 10 个波段,单击"OK"按钮。

(3)在"Pixel Purity Index Parameters"对话框中设置"Threshold Factor"为 3,其他参数为默认设置,选择输出路径及文件名,单击"OK"按钮,执行 PPI 计算。

(4)在"Display"窗口中显示 PPI 结果,选择"Over→Region of Interest",在"ROI Tool"对话框中选择"Options→Band Threshold to ROI",选择 PPI 图像作为输入波段,单击"OK"按钮,打开"Band Threshold to ROI Parameters"对话框,如图 8-14 所示,设置"Min Thresh Value"为 10,"Max Thresh Value"为空,其他为默认设置,单击"OK"按钮,计算感兴趣区,得到的感兴趣区显示在"Display"窗口中。

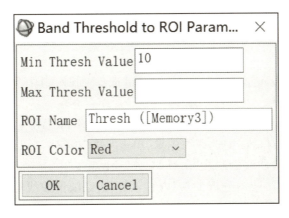

图 8-14 "Band Threshold to ROI Parameters"对话框

(5)打开"n-Dimensional Visualizer"工具,并选择 MNF 变换结果。

(6)在"n-D Controls"对话框中选择 1、2、3、4、5 波段,构建 5 维散点图。

(7)在"n-D Controls"对话框中选择适当的速度,单击"Start"按钮,在"n-D Visualizer"窗口中的点云随机旋转,当有部分聚集在一块时,单击"Stop"按钮,并用鼠标左键勾画"白点"集中区域,选择的点被标示颜色,如图 8-15 所示。

图 8-15 "n-D Visualizer"窗口中的端元

(8) 在"n-D Controls"对话框中选择"Class→Items 1∶20→White",单击"Start"按钮,当看到有部分选择的点云分散的时候,单击"Stop"按钮,在"n-D Visualizer"窗口中选择分散的点,自动会将选择的点删除。借助"←""→""New"按钮可以逐帧从不同视角浏览以辅助删除分散点。

(9) 在"n-D Visualizer"窗口中单击鼠标右键选择"New Class"快捷菜单,重复上述两步选择其他"白点"集中区域。

(10) 在"n-D Controls"对话框中选择"Options→Mean All",在"Input File Associated with n-D Scatter Plot"对话框中选择原图像,单击"OK"按钮。

(11) 获取的平均波谱曲线绘制在"n_D Mean"绘图窗口中。

(12) 参考本书第六章"波谱分析工具"内容,识别每条波谱曲线对应的地物类型。

(13) 将端元波谱保存为波谱库文件。

3. 基于SMACC的端元提取

要进行基于SMACC的端元提取,可按以下方式。

(1) 在ENVI中打开"CupriteReflectance.dat"高光谱文件。

(2) 在ENVI主菜单中选择菜单命令"Spectral→SMACC Endmember Extraction",在"Select Input Image"对话框中选择高光谱数据文件,单击"OK"按钮,打开"SMACC Endmember Extraction Parameters"对话框。

(3) 在"SMACC Endmember Extraction Parameters"对话框中设置参数如图8-16所示。

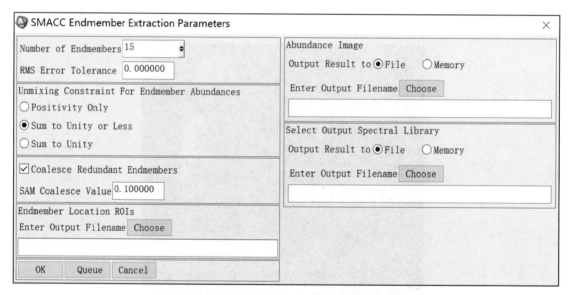

图8-16 "SMACC Endmember Extraction Parameters"对话框

(4) 单击"OK"按钮,执行SMACC过程。

(五)高光谱图像分类技术

1. 端元波谱收集器

(1)在 ENVI 主菜单中选择菜单命令"Spectral→Mapping Methods→Endmember Collection"。

(2)在文件输入对话框中选择"CupriteReflectance.dat"高光谱数据,单击"OK"按钮,打开"Endmember Collection:Parallel"对话框,如图 8-17 所示。

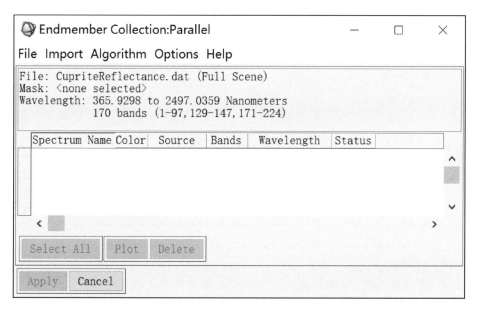

图 8-17 "Endmember Collection:Parallel"对话框

(3)在"Endmember Collection"对话框中选择"Import",然后选择一种导入端元波谱的方式导入端元波谱。

(4)在"Endmember Collection"对话框中选择"Algorithm",然后选择一种分类算法,单击"Apply",并输入相关参数进行分类。

(5)选择"File→Endmember Collection File",将收集的端元波谱保存为外部文件。

2. 常见高光谱分类

常见的高光谱分类方法包括光谱角填图(Spectral Angle Mapper)、二进制编码(Binary Encoding)和光谱信息散度(Spectral Information Divergence)。下面以光谱角填图为例进行说明。

(1)重复本书"端元波谱收集器"中的步骤,在选择"Algorithm"后,选择"Spectral Angle Mapper",并单击"Apply"按钮。

(2)设置相应参数如图 8-18 所示,并执行后续步骤。

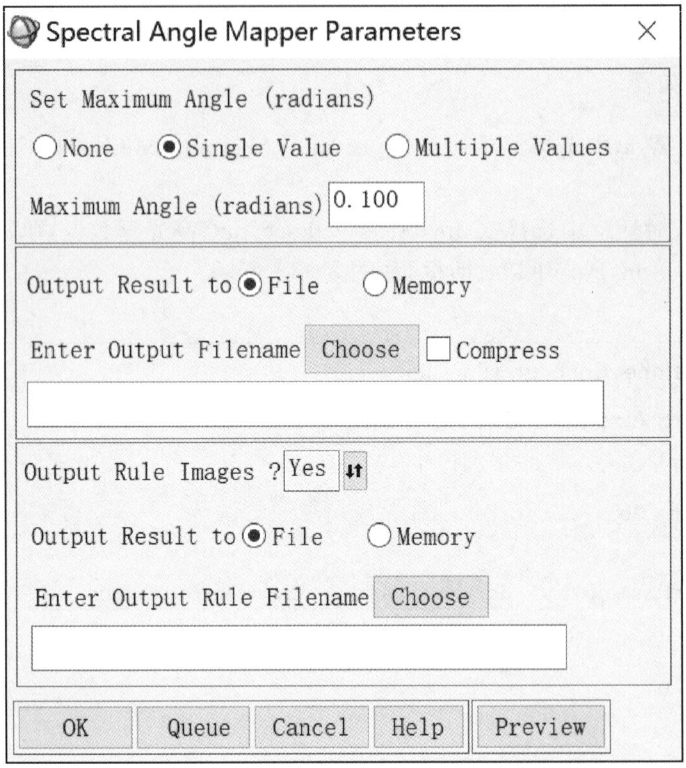

图 8-18 "Spectral Angle Mapper Parameters"对话框

操作提示：光谱角填图、二进制编码和光谱信息散度参数说明如下。

参数	方法		
	光谱角填图	二进制编码	光谱信息散度
None	不设阈值		
Single Value	单位是弧度，默认 0.1 弧度	值的范围为 0.0~1.0	默认为 0.05，值越小精度越高
Multiple Values	为每一个端元波谱分类设定一个阈值		

（六）混合像元分解技术

基于 MNF 的 MTMF 混合像元分解

(1) 打开"CupriteReflectance.dat"高光谱数据，用"Band Math"工具将高光谱数据除以 10 000.0（需带.0 转换为浮点型），将高光谱数据转换为 0~1.0 的反射率数据。

(2) 对高光谱图像文件执行 MNF 正向变换，并输出统计文件。

(3) 在 ENVI 主菜单中选择菜单命令"Spectral→MNF Rotation→Apply Forward MNF to

Spectra",在打开的"Forward MNF Statistics Filename"对话框中选择 MNF 统计文件,单击"OK"按钮,打开"Forward MNF Convert Spectra"对话框,如图 8-19 所示。

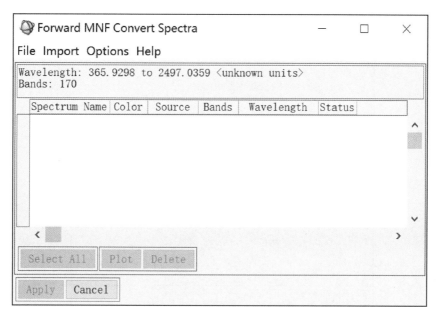

图 8-19 "Forward MNF Convert Spectra"对话框

(4)在"Forward MNF Convert Spectra"对话框中选择"Import→from Spectral Library",选择"usgs_min.sli"波谱库文件。从波谱库中选择以下几个矿物波谱作为端元波谱:Alunite(明矾石)、Calcite(方解石)、Kaolinite(高岭石)。

(5)单击"Apply"按钮,经过 MNF 变换的端元波谱显示在"Forward MNF Spectra"窗口中。

(6)在 ENVI 主菜单中选择菜单命令"Spectral→Mapping Methods→Mixture Tuned Matched Filtering",在"Mixture Tuned Matched Filtering Input File"对话框中选择 MNF 变换结果,单击"OK"按钮,打开"Endmember Collection"对话框。

(7)在"Endmember Collection"对话框中选择"Import→from Plot Windows",在打开的"Import from Plot Windows"对话框中全选前面获取的端元波谱。

(8)返回"Endmember Collection"对话框,单击"Apply"按钮。

(9)在"Mixture Tuned Matched Filter Parameters"对话框(图 8-20)中选择"Use Subspace Background"选项,选择输出结果路径和文件名,并单击"OK"按钮,执行处理过程。

(10)在波段列表中选择"Gray Scale",选中高光谱图像的波段 193,并显示该图像。

(11)在主图像显示窗口菜单栏中选择"Tools→2D Scatter Plots",绘制 Alunite 的匹配滤波分数值(MF Score)波段与不可行性(Infeasibility)波段的散点图。

(12)圈出 MF 分数值高、不可行性低的所有像素,如图 8-21 所示,选择"Options→Export Class",生成 Alunite 的感兴趣区。

(13)重复上述三步,生成 Calcite 和 Kaolinite 的感兴趣区。

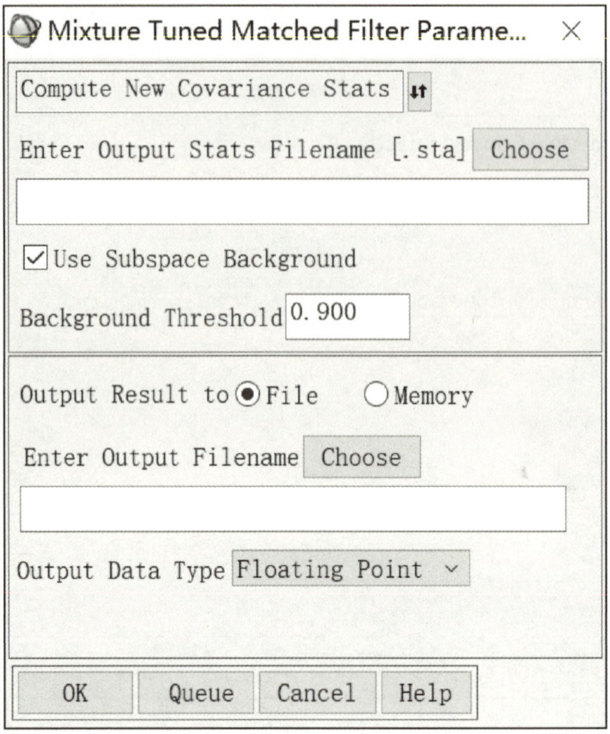

图 8-20 "Mixture Tuned Matched Filter Parameters"对话框

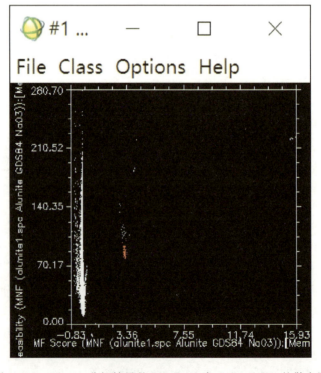

图 8-21 Alunite 分解结果的 MF Score 与 Infeasibility 的散点图

六、实验任务

以"CupriteReflectance"高光谱遥感影像和从第七章获取到的地物波谱数据为实验数据,完成以下任务,并将结果文件存储在自定义的目录中。

(1)波谱库建立:以从第七章获取的不同地物的光谱曲线,建立波谱库,并存储为"sli"格式的波谱库文件。

(2)可视化分析:对"CupriteReflectance"影像进行波谱可视化分析,包括波谱分割和图谱立方体。

(3)端元提取:使用基于几何顶点、PPI和SMACC的3种端元提取方法对"CupriteReflectance"影像进行端元提取分析,并将输出的端元波谱保存为"sli"格式的波谱库文件。

(4)影像分类:对"CupriteReflectance"影像进行分类,分类端元采取任务(1)中建立的地物波谱库并进行重采样,采用光谱角填图、二进制编码和光谱信息散度3种方法进行影像分类。

(5)混合像元分解:采用MTMF方法对"CupriteReflectance"影像进行混合像元分解,获取该影像中水体、植被和土壤的匹配滤波分数值及不可行性波段,并生成对应的感兴趣区。

第九章 用 RSDIPLib 实践遥感图像处理算法

一、引 言

在高校人才培养课程体系中,针对高年级本科生和研究生开设图像处理必修或选修课程的理工科类专业也日益增多,比如电子信息工程、计算机科学、机械工程、地理学、地球信息学和生物信息学等。地球信息学用以将地球数据转化为信息,地球信息转化需要遥感图像处理提供有力的理论技术支撑。因此,在地球信息类学科(专业)人才培养课程体系中遥感图像处理课程应占有重要的一席之地。

通常情况下,在遥感图像处理的实践教学中,学生通过在数字计算设备上利用遥感数据处理软件进行人机对话,将数字图像信号输入各种图像处理方法以得到输出的数字图像信号,并对输入和输出信号进行主观或客观判读,这样做的最终目的是让学生理解和掌握各种遥感图像处理方法的算法理论,使得学生能利用理论完成实际的遥感图像处理任务。根据课程教学经验,若仅仅通过操作商业遥感图像处理软件完成实践任务,往往使得学生对复杂的图像处理方法难以消化理解,特别是对工作中的实际问题难以提出有效的解决方法,因此需要在遥感图像处理方法理论教学环节之外,安排学生编写计算机程序的实践教学环节,通过图像处理方法程序实现的过程锻炼,让学生深入理解和掌握各种遥感图像处理方法的算法理论。但同时,地球信息类学生的计算机程序设计能力往往不足,加上遥感图像处理方法理论复杂,使得学生在编写遥感图像处理方法的计算机程序时面临很大的困难,很难保证良好的教学效果。解决此问题的有效方法之一就是提供一个合适的遥感数字图像处理编程平台,以减轻学生编写图像处理方法计算机程序的难度,同时也能为相关教师和研究人员提供一个支持科学研究的实验软件平台。

国内各高校遥感图像相关课程的实验教学呈现的几种参差不齐和发展不平衡情况如下:①大多情况下,以课堂理论方法讲述为主,而课堂教师计算演示与实验学生动手设计这两个方面的时间和精力投入明显不足。②使用 ENVI、ERDAS、PCI 等商业图像处理软件作为实验软件。这些商用软件界面虽然友好,但针对以理解和掌握遥感图像处理基本知识为目的的内容甚少。商用图像处理软件是静态的、封闭的。软件功能在发布时就已经确定,增加新功能或新算法或改进性能只能寄希望于软件升级。而且,这些商业软件的引入,不可避免地面临着软件版权、教学成本等问题的考验。③结合教学情况自主开发实验软件系统,例如基于 MATLAB 等包含图像处理计算的数值软件作为遥感图像处理实验教学平台。MATLAB 等工程软件虽包含了图像处理工具箱及大量实例,但对遥感图像处理而言缺乏针对性,有些常见的遥感图像处理功能并未涉及,用户界面也不够友好。④某些大学或科研单位根据课题研究需要,开发了相应的遥感图像处理软件,并应用于教学实验。但是,已有的实验软件内容不全或陈旧,没有涉及遥感图像处理领域较新的成果。许多实验软件的界面不够友好,交互性差,用户无法调整算法参数。不具备可扩展性,软件一旦完成,不容易修改或添加新内容。绝大多数实验方案只对遥感图像处理算法进行演示,没有考虑到锻炼学生的动手设计能力。这些软件的程序源代码也基本不公开,教师和学生都不能充分利用。⑤少数国内高校尝试使用国外大学或学术组织开发的软件作为实验教学软件。如美国南伊利诺伊州大学开发的CVIPtools,是一套计算机视觉与图像处理的开源软件,只要加入作者的版权声明,便可以自由散布或修改。但CVIPtools软件还没有推出中文版并且现有版本保留了部分Unix风格。而学生在熟悉的Windows系统下并不易掌握,且操作不便。综上所述,国内还没有一个被公认的比较实用和完善的遥感图像处理相关课程的实验教学软件平台。

概括而言,一款优秀的遥感数字图像处理编程平台应满足4个要求:

(1)简单易学:具有初步知识的用户能在较短时间内学习使用此平台。

(2)开放的模块化设计,即只需编写小程序即可实现简单的图像处理任务,而复杂的图像处理任务可以通过组合后的小程序来完成。

(3)高效率:平台程序运行时间应尽可能短。

(4)图像处理结果实时可见,即用户能对图像处理方法输出结果进行方便快捷的主观或客观判读。

本书提供一种可用于遥感图像处理实践教学的编程平台,它的名称为RSDIPLib(即Remote Sensing Digital Image Processing Library)。该平台能满足以上4个要求,并且已经在中国地质大学(武汉)地球信息科学与技术本科专业的理论课内实验、实践操作课程(含本科毕业设计与毕业)等多个环节中进行了近7年的实际教学使用,同时也支持了一些涉及遥感图像处理相关内容科研项目的顺利实施,取得了良好的实际使用效果,专业教师和学生们给出了一致好评以及大量中肯且有价值的建议。

二、RSDIPLib平台的设计与实现

考虑到学生的可接受性、软件的可扩充性和教学的实用性,将遥感图像处理的理论学习与实践操作相结合,使抽象内容变为可视内容,图文并茂,形象直观,RSDIPLib设计与实现遵循以下原则:

(1)实例简单易懂,使学生学习起来轻松愉快,每章或一个相关内容提供一个编程实例,将不同的内容软件分别开发,避免变量过多,造成代码庞大。

(2)让学生把主要精力放在图像处理的算法实现上,不必对图像处理其他环节的编程感到吃力。系统结构简单明了,代码短小精炼,干扰减少,使得学生学习起来目标明确,能够快速地查到相应技术的核心代码,迅速掌握遥感图像处理实验程序实现的方法。

(3)采用最常用的Windows操作系统下Visual C++集成开发环境。在使用MATLAB、IDL、VB等辅助工具进行教学的过程中常会遇到以下问题:底层代码不对用户开放,实现的算法已经被封装好,不适合进行算法演示;目前全国高校都对理工科学生开设C语言课程,大多数学生具有面向对象的编程基础,而MATLAB、IDL、VB等辅助工具体系结构比较复杂,学生可能还需要额外学习这些编程工具。采用Windows结合C++的开发平台有利于学生在较短时间内学习掌握,降低学生的学习时间成本。

遥感图像处理的一般流程为：读取遥感图像数据文件，设置图像处理方法类型及参数，按照方法进行计算处理得到处理后的图像数据，最后可将处理后的图像存储为指定图像格式的数据文件。在处理中，为了直观，可将图像进行显示。

为满足遥感图像处理一般流程的有关需求，RSDIPLib 平台的功能设计内容包括：①遥感数据文件格式的读取与保存；②图像数据的显示；③核心的遥感图像处理方法，如光谱增强、空域增强、频域增强、融合镶嵌、分类等；④扩展的遥感图像处理方法，以满足遥感图像处理相关课程的大纲要求。各方面的功能具体包括：①空域增强处理：直方图均衡、直方图匹配、中值滤波、双边滤波、PG 滤波、锐化滤波；②频域增强处理：二维离散傅里叶变换（DFT）及其反变换、高通滤波、影像条带去除；③光谱增强处理：波段比运算、植被指数、缨帽变换（穗帽变换）、主成分分析；④融合：主成分融合、Gram-Schmidt 融合、Cubic-Spline-Filter 融合；⑤影像分类：非监督分类、监督分类、分类后处理、评价。

RSDIPLib 平台主要设计 5 个 C++类用于实现上述功能，如表 9-1 所示。其中，CImageDataset 类存储图像数据，包括图像的几何属性、数据类型属性、像素阵列数据等。CImageIO 类支持多种遥感图像格式，读取文件时建立 CImageDataset 类对象，将文件信息填入指定的 CImageDataset 对象中；保存文件时，CImageIO 将指定的 CImageDataset 对象数据保存为磁盘文件。CImageDisplay 提供图像数据显示功能，支持线性拉伸、对数拉伸等多种常用的显示方式。CMatrix 类提供图像处理计算中涉及的各种矩阵计算，如矩阵算术、逆矩阵、特征分解、对称阵特征向量分解等。

表 9-1 RSDIPLib 平台主要的 C++类

类名称	类说明
CImageDataset	影像数据存储类，用于表达一幅遥感数字影像
CImageIO	影像文件输入与输出类，用于打开或保存数字影像文件
CImageDisplay	影像显示类，用于显示一幅数字影像
CImageProcessing	影像处理算法类，提供若干影像处理算法
CMatrix	矩阵运算类，提供若干矩阵运算操作

（一）CImageDataset 类

遥感图像处理算法实践首先考虑的一个问题是如何存储表达遥感图像数据。RSDIPLib 设计实现 CImageDataset 类来解决该问题。一个 CImageDataset 对象对应一幅遥感图像，该对象的数据成员记录其属性信息、图像像素数据等信息，该对象具有的行为包括创建空图像、复制图像等。属性包括行列数、波段数等基本信息。遥感图像包括多个波段，有多种存储格式，但基本的通用格式有 3 种，即 BSQ（Band Sequential）、BIL（Band Interleaved by Line）和 BIP（Band Interleaved by Pixel）格式。CImageDataset 类中图像像素数据在内存中采用 BSQ 方式进行存储。BSQ 是像素按波段顺序依次排列的数据格式。即先按照波段顺序分块排列，在每个波段块内，再按照行列顺序排列。同一波段的像素保存在一个块中，这保证了像素空间位置的连续性。CImageDataset 类的定义如下：

```
class RSDIPLIB_API CImageDataset
{
public：
    CImageDataset();
    virtual~CImageDataset();

    void clear();
    BOOL empty();
    BOOL duplicate(CImageDataset &img);
    BOOL create(int,int,int,double value=0.0);

    int m_xsize;            //number of columns
    int m_ysize;            //number of rows
    int m_rastercount;      //number of bands
    double * m_data;        //image data stored as BSQ format
};
```

其中：

(1)成员函数 clear 无输入参数，无返回值。调用该函数完成对当前图像的所有属性及像素数据的重置清除。清除后行数、列数、波段数全部为 0，像素数据指针清空。

(2)成员函数 empty 无输入参数。该函数对当前图像内容是否为空进行判断。若图像行数、列数、波段数及像素矩阵指针 4 个变量中任一个等于 0，则图像内容为空，并且返回值为 1。在图像内容为非空时，返回值为 0。

(3)成员函数 duplicate 对第一个输入参数指定的图像数据进行复制。若复制成功，当前图像具有与输入图像相同的行数、列数、波段数以及像素值，并且返回值为 1；否则，返回值为 0，并且图像的所有属性及像素数据重置清除。

(4)成员函数 create 创建指定的新图像。第一个至第三个输入参数分别为新图像的行数、列数及波段数，第四个输入参数为新图像中像素的灰度值，默认值为 0。根据返回值判断创建新图像是否成功，返回值为 1 表明创建成功；返回值为 0 表明创建失败，并且图像的所有属性及像素数据重置清除。

(二)CImageIO 类

在定义图像数据类 CImageDataset 的基础上，进一步实现图像文件读取存储类 CImageIO、图像显示类 CImageDisplay 及图像处理方法类 CImageProcessing。考虑到 CImageIO 等 3 个类主要是完成对图像数据的操作（读取存储、显示及处理）行为，基本不会涉及记录某种属性数据，因此在设计这 3 个类时均没有定义数据成员，只申明及定义成员函数，具体实现时采用静态成员函数的方式进行申明及定义。

CImageIO 类完成遥感图像数据文件与遥感图像数据类对象之间的数据交换，主要包含文件读取和文件保存。

读取文件时,支持通用图像格式(如 BMP、JPG、TIFF 等)、遥感软件格式(如 ENVI 的 hdr 格式、ERDAS 的 img 格式等)、卫星影像格式(如 Landsat 卫星、SPOT 卫星等)、应用图像格式(如 X11 应用格式、USGS 数字正射影像格式等)等 50 余种格式。

保存文件时,将图像数据存储为一种最常用的遥感图像文件,它的数据格式为 GeoTIFF。GeoTIFF 作为 TIFF 的一种扩展,在 TIFF 的基础上定义了一些 GeoTag(地理标签),从而对各种坐标系统、椭球基准、投影信息等进行定义和存储,使图像数据和地理数据存储在同一图像文件中,这样就为广大用户制作和使用带有地理信息的图像提供了方便的途径。为方便标示,一般情况下 GeoTIFF 文件后缀名为 tif。但任意后缀名均可,不会改变文件本身为 GeoTIFF 格式。

CImageIO 类定义如下:

```
class RSDIPLIB_API CImageIO
{
public:
    static BOOL read(CImageDataset &img, const CString strFilename);
    static BOOL write(CImageDataset &img, const CString strFilename);
};
```

其中:

(1)静态成员函数 read 读取遥感图像数据文件到遥感图像数据对象。读取文件名由第二个输入参数 strFilename 指定,待输入的数据对象由 img 指定。若成功读取文件内容到数据对象,则返回 1;否则,返回 0。

(2)静态成员函数 write 将遥感图像数据对象写入到遥感图像数据文件中。与 read 函数类似,写入文件名由第二个输入参数 strFilename 指定,待输出的数据对象由 img 指定。若成功读取文件内容到数据对象,则返回 1;否则,返回 0。

(三)CImageDisplay 类

CImageDisplay 类完成图像数据的显示,支持多种增强显示方式,包括线性等值变换、线性 0~255 范围拉伸、线性 2% 拉伸、对数拉伸等。基于 MFC(Microsoft Foundation Classes)实现图像窗口的创建、图像数据的绘制等。CImageDisplay 类定义如下:

```
class RSDIPLIB_API CImageDisplay
{
public:
    static void show(CImageDataset &img, CWnd *pParent, CString strTitle,
        int r=3, int g=2, int b=1,  int type=0);
};
```

其中：

静态成员函数 show 将图像数据对象的特定波段在指定窗口中按照特定显示方式进行绘制。第一个输入参数 img 为待显示的遥感图像数据，第二个输入参数为图像窗口的父窗口（一般赋值为 this 指针），第三个输入参数为图像窗口的标题，第四个至第六个参数分别为将遥感图像的特定波段（波段索引从 1 开始）指定为显示时的红色通道、绿色通道和蓝色通道（默认情况下，分别依次为遥感图像的第三波段、第二波段和第一波段），第七个参数为显示方式（默认为 0，表示等值变换；1 表示线性 0～255 拉伸；2 表示线性 2%拉伸；3 表示对数拉伸）。

(四)CImageProcessing 类

CImageProcessing 是遥感图像处理算法实践的核心类，在该类中申明并定义各种遥感图像处理算法函数。CImageProcessing 类定义如下：

```
class RSDIPLIB_API CImageProcessing
{
public：
    static BOOL minmax(CImageDataset &img,double*padfMinMax);
    static BOOL brightness(CImageDataset &imgIn,CImageDataset &imgOut,double percent);
    static BOOL histeq(CImageDataset &imgIn,CImageDataset &imgOut);
    static BOOL FourierTrans(CImageDataset &imgIn,CImageDataset &imgOut);
    static BOOL InverseFourierTrans(CImageDataset &imgIn,CImageDataset &imgOut);
    //More algorithms
};
```

其中：

(1)静态成员函数 minmax 计算输入图像所有波段的最大值和最小值。第一个输入参数为待计算的输入图像数据对象，第二个输入参数为最值计算结果的指针。在调用该函数之前，应创建并读取待计算的图像数据对象，以及创建放置最值计算结果的内存块。最值计算结果的内存块大小为 2*bands，其中 bands 为图像数据波段数。第一波段最小值、第一波段最大值、第二波段最小值、第二波段最大值等依次放置在内存块中。若成功处理，则返回 1；否则，返回 0。

(2)静态成员函数 brightness 对输入图像进行亮度增加处理。第一个与第二个输入参数分别为输入图像与输出图像，第三个输入参数为亮度增加百分比（取值范围为 0～100）。若成功处理，则返回 1；否则，返回 0。

在其他静态成员函数中可实现某种遥感图像处理算法。本书为算法实践提供指导，并不给出全部遥感图像处理算法函数。读者可根据下一节内容提供的实践实例指导以及后续章节提供的算法指导，来实现这些特定遥感图像处理算法。

(五)CMatrix 类

图像处理算法中涉及矩阵的运算，如矩阵的求逆、特征分解等。这些矩阵不是图像处理算法的核心问题，但服务于图像处理算法的实现。RSDIPLib 设计实现 CMatrix 类提供这些矩阵计算，便于图像处理算法的实践。一个 CMatrix 对象对应一个二维的数值矩阵，该对象的数据成员记录其行数、列数、矩阵元素值等信息，该对象具有的行为包括清除矩阵、复制矩阵、创建空矩阵、特征分解等。CMatrix 类定义如下：

```
class RSDIPLIB_API CMatrix
{
public：
    CMatrix(void);
    ~CMatrix(void);

    bool empty();// whether the matrix is empty
    void clear();// clear the matrix
    bool duplicate(CMatrix &mtx);//copy the source matrix
    BOOL create(int,int,float value=0.0);// create a matrix

    //calculate eigvalues and eigvectors
    bool eig(float*eigvalues,float*eigvectors);

    int m_rows;//number of row
    int m_cols;//number of column

    //ex:the second row and the third column element is m_data[1*m_cols+2]
    float*m_data;
};
```

其中：

(1)成员函数 empty 无输入参数。该函数对当前矩阵元素是否为空进行判断。若矩阵行数、列数及数值指针 3 个变量中任一个等于 0，则矩阵内容为空，并且返回值为 1。在矩阵内容为非空时，返回值为 0。

(2)成员函数 clear 无输入参数，无返回值。调用该函数完成对当前矩阵的所有属性及数值重置清除。清除后行数、列数全部为 0，元素数值指针为空指针。

(3)成员函数 duplicate 对第一个输入参数指定的矩阵数据进行复制。若复制成功，当前矩阵具有与输入矩阵相同的行数、列数以及元素数值，并且返回值为 1。否则，返回值为 0，并且矩阵的所有属性及元素数据重置清除。

(4)成员函数 create 创建指定的新矩阵。第一个、第二个输入参数分别为新矩阵的行数、列数，第三个输入参数为新矩阵中元素的数值，默认值为 0.0。根据返回值判断创建新矩阵是否成功，返回值为 1 表明创建成功；返回值为 0 表明创建失败，并且矩阵的所有属性及元素数据重置清除。

(5)成员函数 eig 计算矩阵的特征分解。第一个输入参数为计算结果的所有特征值，第二个输入参数为计算结果的所有特征向量。在调用该函数之前，应创建放置特征分解结果的两个内存块,分别用以放置所有特征值以及所有特征向量(它们的顺序与特征值顺序一致)。若计算成功,返回值为 1;否则,返回值为 0。

下面给出一个创建矩阵并对它进行特征值分解计算的示例。主要代码如下:

```
//定义一个 CMatrix 矩阵对象
CMatrix mtx;

//对上述矩阵对象,首先确定它的大小为 3*3、元素值为 0;然后对元素依次赋值
//第一行依次为 1、2、3;第二行依次为 2、2、3;第三行依次为 3、3、3
mtx.create(3,3,0.0);
mtx.m_data[0] = 1;mtx.m_data[1] = 2; mtx.m_data[2] = 3;
mtx.m_data[3] = 2;mtx.m_data[4] = 2; mtx.m_data[5] = 3;
mtx.m_data[6] = 3;mtx.m_data[7] = 3; mtx.m_data[8] = 3;

//创建放置特征分解结果的两个内存块
float*eigvalues = (float *)malloc(sizeof(float)*mtx.m_rows);
float*eigvectors = (float*)malloc(sizeof(float)*mtx.m_rows*mtx.m_cols);

//进行特征值分解计算
mtx.eig(eigvalues,eigvectors);

//所有特征值
eigvalues[0];   eigvalues[1];   eigvalues[2];

//第一个特征向量,对应特征值 eigvalues[0]
eigvectors[0]; eigvectors[1]; eigvectors[2];

//第二个特征向量,对应特征值 eigvalues[1]
eigvectors[3]; eigvectors[4]; eigvectors[5];

//第三个特征向量,对应特征值 eigvalues[2]
eigvectors[6]; eigvectors[7]; eigvectors[8];

//释放放置特征分解结果的两个内存块
free(eigvalues);
free(eigvectors);
```

该示例中的矩阵,它的特征分解的计算结果如表 9-2 所示。

表 9-2 矩阵特征分解示例的计算结果

特征值及其数值		对应的特征向量及其数值	
eigvalues[0]	−0.338 9	eigvector[0],eigvector[1],eigvector[2]	0.425 1 −0.829 2 0.363 0
eigvalues[1]	7.516 5	eigvector[3],eigvector[4],eigvector[5]	0.482 7 0.547 0 0.684 0
eigvalues[2]	−1.177 6	eigvector[6],eigvector[7],eigvector[8]	−0.765 7 −0.115 5 0.632 8

三、利用 RSDIPLib 平台搭建遥感图像处理应用程序的基本框架

上一节中介绍了 RSDIPLib 的设计及实现,本节介绍利用 RSDIPLib 平台进行遥感图像处理算法实践的具体过程,主要是如何利用 RSDIPLib 作为平台搭建遥感图像处理应用程序的基本框架。在下一节中,以遥感图像增强处理的基本算法——直方图均衡化为例,介绍该算法的计算原理以及如何基于 RSDIPLib 平台实现该算法。本节及下一节内容可为后续各章节中遥感图像处理算法实践提供一个基本的应用程序框架,并就如何在基本框架下进行具体算法实践提供过程示例。

在本节内容中,介绍如何利用 RSDIPLib 平台搭建遥感图像处理应用程序的基本框架。首先,介绍如何准备 RSDIPLib 平台。然后,说明如何搭建不同类型下的应用程序基本框架。最后,说明如何设计一个遥感图像处理算法类,以便将各种遥感图像处理算法统一在其中。

(一)准备 RSDIPLib 平台

在进行具体的遥感图像算法实践之前,需要搭建一个遥感图像处理应用程序的基本框架。该框架包含一套图像处理应用程序的基本流程,主要为图像读取、图像处理、图像保存、图像显示等。在基本框架的基础上,进一步实现各种遥感图像处理算法,逐步形成一个功能完整、运行稳定的遥感图像处理应用程序。该基本框架以 RSDIPLib 为支持平台。RSDIPLib 以静态链接库、头文件的方式支持基本框架应用程序的编译和链接,以动态链接库的方式支持基本框架应用程序的运行。

建立工作目录,如目录名称为"course-RSDIP",完整路径为"E:\course-RSDIP\"。RSDIPLib 平台以压缩文件方式提供,文件名为"rsdipLib.zip"。将"rsdipLib.zip"解压到该工作目录,解压后该目录下包含名称为"rsdipLib"的目录,它的完整路径为"E:\course-RSDIP\rsdipLib\"。该目录包含 RSDIPLib 平台所有目录(及文件),如图 9-1 所示。其中,"include"目录包含头文件,如"image.h""Matrix.h""RSDIPLib.h"等;"Lib"目录包含静态链接库"RSDIPLib.lib",以及动态链接库,如"RSDIPLib.dll"等。

第九章 用 RSDIPLib 实践遥感图像处理算法

图 9-1 RSDIPLib 平台目录

（二）搭建基于对话框类型的应用程序基本框架

搭建遥感图像处理应用程序的基本框架,应首先考虑确定应用程序的类型。可用的类型有两大类:win32 应用程序和 MFC 应用程序。在 win32 应用程序大类中,可选择的类型有 win32 控制台应用程序和 win32 窗口应用程序。在 MFC 应用程序大类中,可选择的类型有基于对话框和单文档或多文档。本小节介绍基于对话框类型的应用程序基本框架。

1. 在 Visual Studio 2010 集成开发环境中新建项目

依次打开菜单"文件/File""新建/New""项目/Project",弹出"新建项目/New Project"对话框,如图 9-2 所示。

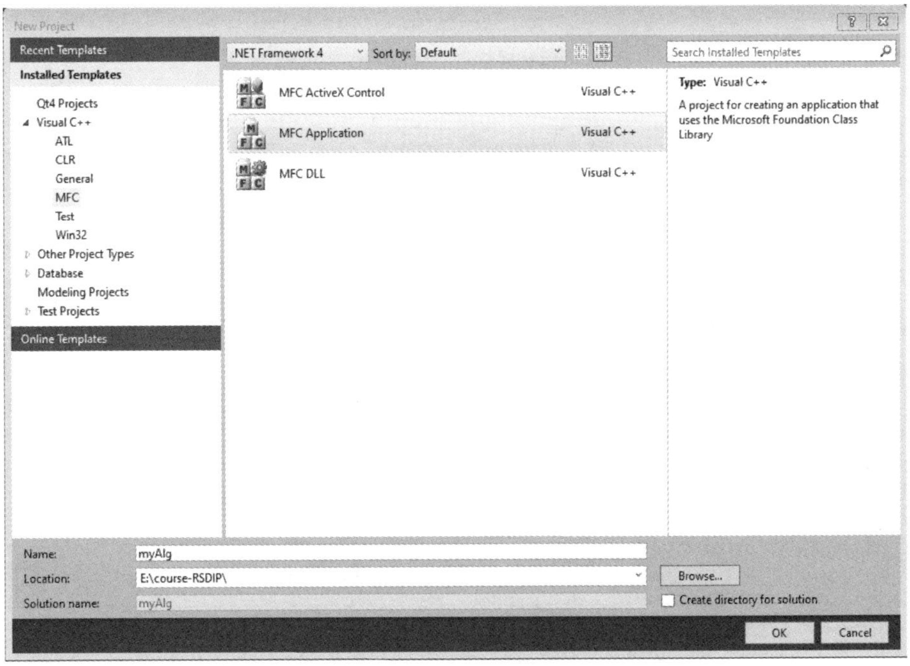

图 9-2 新建项目

在左侧栏中依次选中"Visual C++""MFC",在中间栏中选择"MFC 应用程序/MFC Application"。在下方"Name"编辑框中输入项目名称,如"myAlg";在"Location"编辑框中输入项目完整路径,如"E:\course-RSDIP\"。最后,点击"确定/OK"按钮,进入"MFC 应用程序/MFC Application"向导,开始创建应用程序。

2. 在"MFC 应用程序/MFC Application"向导中创建基于对话框类型的应用程序

在"MFC 应用程序/MFC Application"向导中,点击"下一步/Next"按钮,直至出现"应用程序类型/Application Type"步骤,如图 9-3 所示。选中"基于对话框/Dialog based",表示创建一个基于对话框类型的应用程序。取消/去掉勾选"Use Unicode Libraries",表明使用多字节的字符集。该步骤中其他选项以及后续步骤选项均为默认,直至最后一步"生成的类/Generated Classes",点击"完成/Finish"按钮。这时集成开发环境中将打开名称为"myAlg"的解决方案及项目,如图 9-4 所示。工作目录下已生成目录"myAlg",其中包含为该对话框应用程序创建的文件。

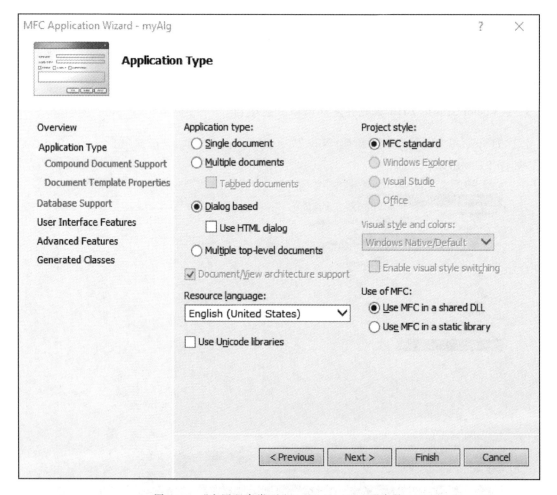

图 9-3 "应用程序类型/Application Type"步骤

第九章 用 RSDIPLib 实践遥感图像处理算法 — 127 —

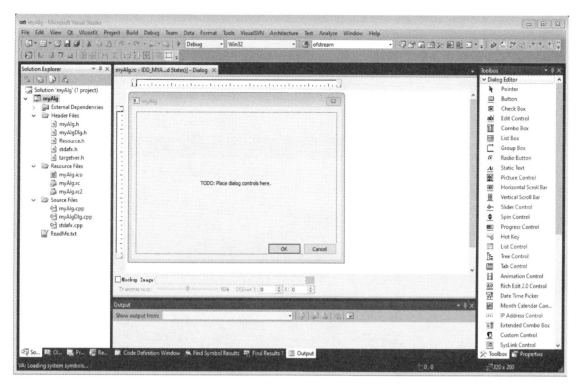

图 9-4　打开名称为"myAlg"的解决方案及项目

3. 设置项目属性，以导入 RSDIPLib 支持

基于对话框的应用程序已创建，但还未导入 RSDIPLib 平台的支持。通过设置项目属性，可以完成导入。

首先设置须包含 RSDIPLib 头文件目录，如图 9-5 所示。依次打开菜单"项目/Project""属性/Properties"，弹出 myAlg 项目属性页面。在左侧栏中依次选中"配置属性/Configuration Properties""C/C++""通用/General"。在右侧"额外的头文件目录/Additional Include Directies"编辑输入 RSDIPLib 头文件目录的相对路径，即"$(SolutionDir)..\rsdiplib\include\"。

进一步设置须包含 RSDIPLib 库文件名称及目录，如图 9-6 所示。仍然在 myAlg 项目属性页面的左侧栏中，首先依次选中"连接器/Linker""通用/General"。在右侧"额外的库文件目录/Additional Library Directies"编辑输入 RSDIPLib 库文件目录的相对路径，即"$(SolutionDir)..\rsdiplib\lib\"；然后在左侧栏依次选中"连接器/Linker""输入/Input"。在它的右侧"额外依赖项/Additional Dependencies"编辑输入 RSDIPLib 库文件名称，即"rsdiplib.lib"。

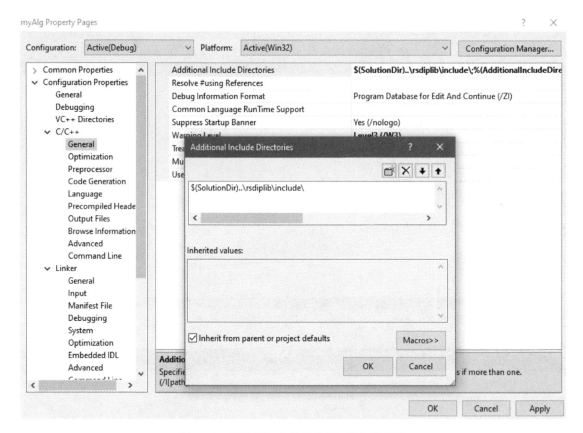

图 9-5 设置须包含 RSDIPLib 头文件目录

最后设置程序运行时须用到的 RSDIPLib 动态链接库文件(后缀为 dll),如图 9-7 所示。仍然在 myAlg 项目属性页面的左侧栏中,首先依次选中"编译事件/Build Events""后编译事件/Post-Build Event"。在它的右侧"命令行/CommandLine"编辑输入 RSDIPLib 动态链接库文件复制命令,即"copy " $ (SolutionDir)..\rsdiplib\lib*.dll" " $ (SolutionDir) $ (Configuration)""。

4. 添加图像读取、图像保存及显示功能

到此,对话框应用程序还不具备任何与遥感图像处理相关的功能。在这一步中,将使程序具有图像读取、保存及显示的基本功能。

针对遥感图像的读取和保存功能,RSDIPLib 平台中提供 CImageDataset 类用以表达一幅遥感图像,也提供了 CImageIO 类用以完成图像数据文件与 CImageDataset 对象之间的数据交换。基于此,可定义两个 CImageDataset 类对象,分别用以表达读取后与待保存的遥感图像。简单起见,在 CmyAlgDlg 类新增两个数据成员,代码如下:

第九章 用 RSDIPLib 实践遥感图像处理算法

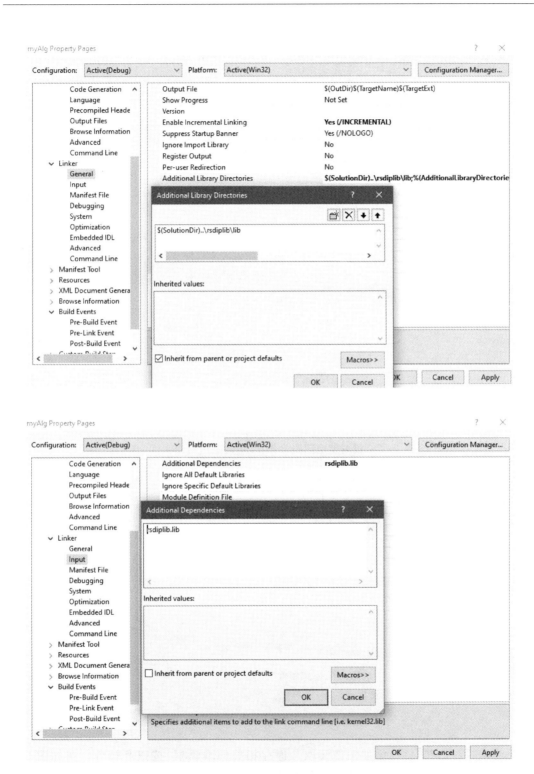

图 9-6 设置须包含 RSDIPLib 库文件目录及文件

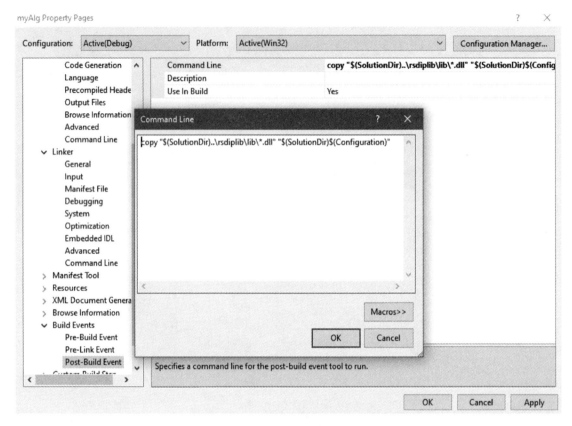

图 9-7 设置须用到的 RSDIPLib 动态链接库文件

```
# pragma once

# include "RSDIPLib.h"    //包含 RSDIPLib 头文件

// CmyAlgDlg dialog
class CmyAlgDlg:public CDialogEx
{
//……省略其他已有代码

private:
    CImageDataset imgIn;    //读取后的遥感图像
    CImageDataset imgOut;   //待保存的遥感图像
};
```

下一步编辑对话框资源,添加图像读取与保存相关的编辑框、按钮等控件。在如图 9-4 所示打开的项目窗口中,在左侧栏中下方选中"资源视图/Resource View",在该栏列表中依次选中展开"myAlg""myAlg.rc""Dialog""IDD_MYALG_DIALOG",在右侧编辑对话框资源,如图 9-8 所示。

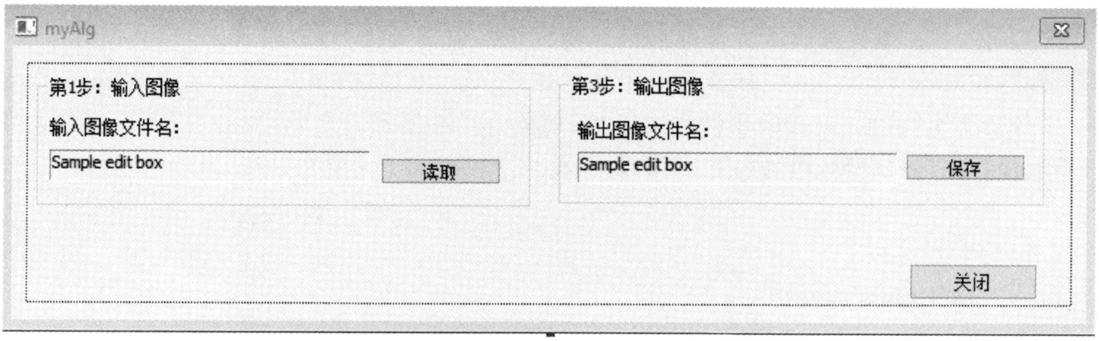

第九章 用 RSDIPLib 实践遥感图像处理算法

图 9-8 所示对话框图像（略）

图 9-8 编辑图像读取、保存相关的对话框资源

在图 9-8 中，待读取文件名、待保存文件名，分别在两个编辑框控件中显示。为这两个控件添加成员变量。打开菜单"项目/Project""类向导/Class Wizard"，在"成员变量/member variables"标签页面中分别选中"IDC_EDIT_SRCFILE"与"IDC_EDIT_DESFILE"并完成添加变量，如图 9-9 所示。

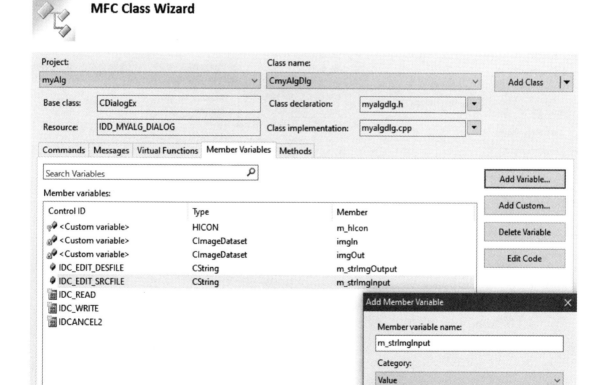

图 9-9 给编辑框控件添加成员变量

如图9-8所示，点击"读取"或"保存"按钮，应弹出对话框设置待读取或待写入的遥感图像文件名称，并显示该读取后或保存后的遥感图像。打开菜单"项目/Project""类向导/Class Wizard"，在"命令/command"标签页面中依次选中"ID_READ""BN_CLICKED""Add Handler"，添加点击"读取"按钮的事件响应函数，如图9-10所示。之后，点击"Edit Code"，对事件响应函数体进行编辑，代码如下（左侧数字表示行号）：

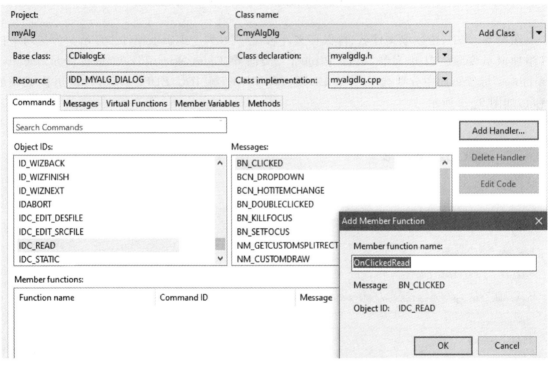

图9-10 添加点击"读取"按钮的事件响应函数

```
01    void CmyAlgDlg::OnClickedRead()
02    {
03        CFileDialog dlg(TRUE);///TRUE 为 OPEN 对话框，FALSE 为 SAVE AS 对话框
04        if(dlg.DoModal()==IDOK)
05        {
06            if(FALSE == CImageIO::read(imgIn,dlg.GetPathName()))
07            {
08                AfxMessageBox("读取图像失败!");
09            }
10            else
11            {
```

```
12          m_strImgInput = dlg.GetPathName();
13          UpdateData(FALSE);
14
15          if(imgIn.m_rastercount>=3)
16              CImageDisplay::show(imgIn,this,dlg.GetFileName(),1,2,3,0);
17          else
18              CImageDisplay::show(imgIn,this,dlg.GetFileName(),1,1,1,0);
19      }
20  }
21 }
```

其中,在第 06 行调用 CImageIO 类的 read 函数完成将指定的数据文件读取到 CImageDataset 类对象 imgIn。若读取失败,则显示"读取图像失败"的消息框。若读取成功,在第 12 行至第 13 行将指定的数据文件名更新到编辑框中,在第 15 行至第 18 行对 imgIn 表示的遥感图像进行显示。

类似地,添加点击"保存"按钮的事件响应函数,并对函数体进行编辑,代码如下。

```
01 void CmyAlgDlg::OnClickedWrite()
02 {
03      CFileDialog dlg(FALSE);///TRUE 为 OPEN 对话框,FALSE 为 SAVE AS 对话框
04      if(dlg.DoModal()==IDOK)
05      {
06          if(FALSE == CImageIO::write(imgOut,dlg.GetPathName()))
07          {
08              AfxMessageBox("保存图像失败!");
09          }
10          else
11          {
12              m_strImgOutput = dlg.GetPathName();
13              UpdateData(FALSE);
14
15              if(imgOut.m_rastercount>=3)
16                  CImageDisplay::show(imgOut,this,dlg.GetFileName(),1,2,3,0);
17              else
18                  CImageDisplay::show(imgOut,this,dlg.GetFileName(),1,1,1,0);
19          }
20      }
21 }
```

其中,在第 06 行调用 CImageIO 类的 write 函数完成将 CImageDataset 类对象 imgOut 写入到指定的数据文件。

(三) 遥感图像处理算法类 CImageProcessingEx

在 RSDIPLib 的设计及实现中，CImageProcessing 是算法实现的核心类。算法实践的主要任务需要实现各种遥感图像处理算法，因此需要基于 RSDIPLib 平台以及实践任务要求，完成各种遥感图像处理算法。设计一个遥感图像处理算法类，以 CImageProcessing 类为基类，并将这些算法的实现统一在一起。

在 Visual Studio 2010 新建一个 C++类，名称为 CImageProcessingEx。打开菜单 Project（项目）→Add Class（添加类），弹出新建类的窗口，在左侧栏中选择"Visual C++"下的"C++"，如图 9-11 所示。

图 9-11　创建 C++类的操作

然后，点击新建类的窗口右下方的"Add"按钮，弹出创建 C++类的向导窗口，如图 9-12 所示。创建的 C++类名称为 CImageProcessingEx，它的定义保存在后缀为"h"的头文件中，实现保存在后缀为"cpp"的源文件中。该类继承自 RSDIPLib 中定义的 CImageProcessing 类，继承权限为 public（共有）。最后点击"Finish（结束）"按钮，关闭该对话框，这时在项目中已完成 CImageProcessingEx 类的添加。

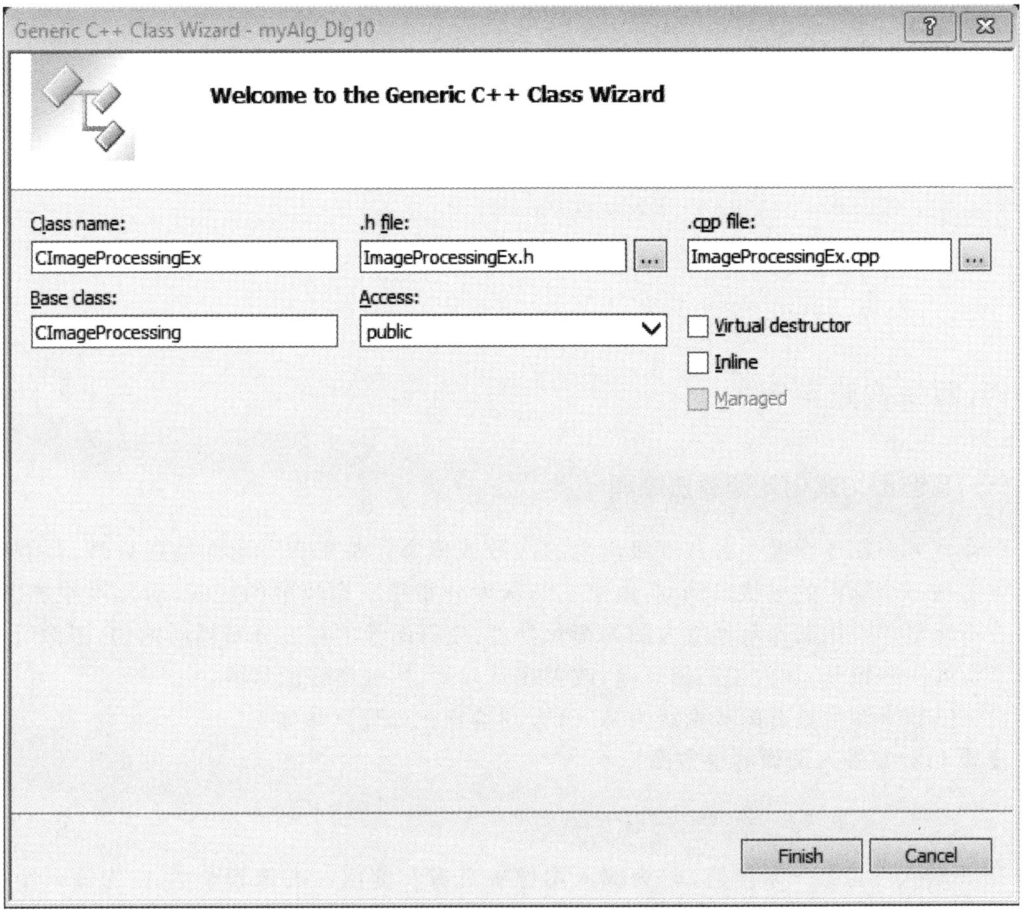

第九章 用RSDIPLib实践遥感图像处理算法

图 9 - 12 创建 CImageProcessingEx 类的操作

与 CImageProcessingEx 类相关的头文件 ImageProcessingEx.h，内容如下：

```
#pragma once
#include "RSDIPLib.h"    //包含 RSDIPLib 库头文件

class CImageProcessingEx：public CImageProcessing
{
public：
    CImageProcessingEx(void)；
    ~CImageProcessingEx(void)；
};
```

与 CImageProcessingEx 类相关的源文件 ImageProcessingEx.cpp，内容如下：

```
#include "StdAfx.h"
#include "ImageProcessingEx.h"

CImageProcessingEx::CImageProcessingEx(void)
{
}
CImageProcessingEx::~CImageProcessingEx(void)
{
}
```

四、算法实践实例

(一)直方图均衡化处理算法原理

图像直方图描述图像中各灰度级出现的次数或概率。基于直方图的增强处理,是调整图像直方图到一个预定的形状。例如,由于它的灰度分布集中在较窄的区间,对比度很弱,图像细节看不清楚。采用图像灰度直方图均衡化处理,使得图像的灰度分布趋向均匀,图像所占有的像素灰度间距拉开,加大了图像反差,改善视觉效果,达到增强的目的。

设遥感数字图像具有的灰度级为 K,直方图均衡化处理算法如下。

步骤1:计算输入图像的直方图

$$p(k) = \frac{n_k}{n}, k = 0, 1, \cdots, K-1 \tag{9-1}$$

其中:k 为输入图像某一灰度值;n_k 为输入图像中具有灰度值 k 的像素个数;n 为输入图像中像素的总个数;K 为输入图像的灰度级个数。

步骤2:计算输入图像的累积直方图

$$s(k) = \sum_{j=0}^{k} p(k) \tag{9-2}$$

其中:$p(k)$ 为输入图像的直方图。

步骤3:基于累积直方图构建灰度变换函数,逐行逐列对各像素进行灰度变换

根据计算得到的累积直方图,建立输入图像灰度值与输出图像灰度值之间的对应关系,具体的灰度变换函数为:

$$k' = T(k) = \text{round}((K-1) * s(k)) \tag{9-3}$$

其中:k' 为输出图像某一灰度值;round 表示四舍五入;$s(k)$ 为输入图像的累积直方图。在此基础上,对图像逐行逐列进行扫描,对当前扫描行列坐标下像素的灰度值进行变换。

以表9-3所示为例,说明一个具有8个灰度级图像的直方图均衡化处理过程。该图像具有 0 至 7 共计 8 个灰度级,如表中第一列所示。各灰度值对应的像素个数,如 n_k 列所示,图像像素总个数为 $\sum_{k=0}^{7} n_k$。按照步骤1计算图像直方图,结果如表9-3中 $p(k)$ 列和图9-13(a)所示。按照步骤2计算累积直方图,结果如表9-3中 $s(k)$ 列所示。根据步骤3计算的灰度变换得到新灰度值 k',如表9-3中最后一列所示。例如:$k=2$,$s(k)=0.6501$,根据式(9-3)计算

得到 $k'=$ round(7*0.650 1)= round(4.550 7)=5。原始直方图[图 9-13(a)]中,灰度分布偏左,在亮色灰度值范围(如 $k=6,7$)内像素个数偏少。通过直方图均衡化处理后,新图像的直方图[图 9-13(b)]所示中,0~7 整个灰度范围内灰度分布更加均匀一致,原暗色灰度值变换后为亮色灰度值。

表 9-3 具有 8 个灰度级图像的直方图均衡化处理($K=8$)

k	n_k	$p(k)$	$s(k)$	k'
0	790	0.192 9	0.192 9	1
1	1 023	0.249 8	0.442 6	3
2	850	0.207 5	0.650 1	5
3	656	0.160 2	0.810 3	6
4	329	0.080 3	0.890 6	6
5	245	0.059 8	0.950 4	7
6	122	0.029 8	0.980 2	7
7	81	0.019 8	1	7

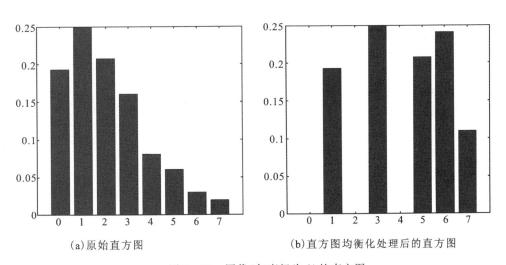

(a)原始直方图　　　　(b)直方图均衡化处理后的直方图

图 9-13　图像(灰度级为 8)的直方图

(二)直方图均衡化算法实践

建立对直方图均衡化处理的方法理解之后,可进行该方法的算法实践。本小节介绍如何利用 RSDIPLib 平台进行直方图均衡化算法的设计与实现。按照上一小节介绍的算法步骤,首先申明该算法的函数,然后定义该函数以在函数体内逐步完成各步骤的计算。

直方图均衡化算法函数的申明,主要考虑如何设计输入参数。在该算法计算步骤中,用到指定的输入图像数据,计算结果保存到指定的输出图像数据,无其他须指定的方法参数。如前述,类 CImageProcessing 及其继承类 CImageProcessingEx 不会涉及记录某种属性数据,采用

静态成员函数的方式进行申明及定义。该算法函数具体申明如下:

```
class CImageProcessingEx:public CImageProcessing
{
public:
    //……省略其他代码(见 CImageProcessingEx 类的说明)

    //直方图均衡化函数申明
    static BOOL histeq(CImageDataset &imgIn,CImageDataset &imgOut);
};
```

其中,函数名称为 histeq,输入图像数据由第一个参数指定,输出图像数据由第二个参数指定。函数返回一个 BOOL 值,处理成功则返回 1 值,否则返回 0 值。

直方图均衡化算法函数的实现是直方图均衡化处理算法实践的核心部分,主要按照前述的 3 个步骤逐步实现具体计算。该算法函数的完整实现如下(左侧数字表示行号):

```
01    BOOL CImageProcessingEx::histeq(CImageDataset &imgIn,CImageDataset &imgOut)
02    {
03        const int LEVEL = 256;
04        int k,row,col;
05        double hist[LEVEL],sk[LEVEL];
06
07        /*checking image validation*/
08        if(imgIn.empty())
09        {
10            return FALSE;
11        }
12
13        /*creating the output image*/
14        if(FALSE == imgIn.duplicate(imgOut))//get new image from input image
15        {
16            return FALSE;
17        }
18        double*data = imgOut.m_data;
19
20        /*步骤 1:计算输入图像的直方图*/
21        for(k=0;k< LEVEL;k++)//初始化直方图数据为 0
22        {
23            hist[k]=0;
24        }
25        for(row=0; row<imgIn.m_ysize; row++)//对图像逐行逐列进行扫描,计算完成直方图
26        {
```

```
27          for(col=0; col<imgIn.m_xsize; col++)
28          {
29              hist[UINT8(data[row*imgIn.m_xsize+col])]++;
30          }
31      }
32
33      /*步骤2:计算累积直方图*/
34      sk[0]= hist[0]/(imgIn.m_ysize*imgIn.m_xsize);
35      for(k=1;k< LEVEL-1;k++) //对直方图索引进行扫描,计算完成累积直方图
36      {
37          sk[k]=sk[k-1]+ hist[k]/(imgIn.m_ysize*imgIn.m_xsize);
38      }
39      sk[255]=1;
40
41      /*步骤3:根据用累积直方图建立灰度变换函数,并逐行逐列进行像素的灰度变换*/
42      for(row=0; row<imgOut.m_ysize; row++)
43      {
44          for(col=0; col<imgOut.m_xsize; col++)
45          {
46              for(k=0;k<LEVEL;k++)
47              {
48                  if(data[row*imgOut.m_xsize+col] == k )
49                  {
50                      data[row*imgOut.m_xsize+col] = int((LEVEL-1)*sk[k]+0.5);//灰
                        度变换
51                      k=LEVEL;
52                  }
53              }
54          }
55      }
56      return TRUE;
57  }
```

下一步,进一步编辑如图9-8所示的对话框资源,添加"直方图均衡化"相关的控件,如图9-14所示。

点击"直方图均衡化"按钮,应对已经读取的输入图像进行直方图均衡化处理,并显示成功处理后的遥感图像。打开菜单"项目/Project""类向导/Class Wizard",在"命令/command"标签页面中依次选中"IDC_BUT_HISTEQ""BN_CLICKED""Add Handler",添加点击"直方图均衡化"按钮的事件响应函数,然后点击"Edit Code",对事件响应函数体进行编辑,代码如下:

图 9-14　编辑图像直方图均衡化相关的对话框资源

```
01    ＃include "ImageProcessingEx.h"
02    //……省略中间代码
03    void CmyAlgDlg::OnClickedButHisteq()
04    {
05        int bSuccess = CImageProcessingEx::histeq(imgIn,imgOut);
06        if(! bSuccess)
07        {
08            AfxMessageBox("处理图像失败!");
09            return;
10        }
11
12        if(imgOut.m_rastercount>=3)
13            CImageDisplay::show(imgOut,this,"直方图均衡化",1,2,3,0);
14        else
15            CImageDisplay::show(imgOut,this,"直方图均衡化",1,1,1,0);
16    }
```

其中,在第 05 行调用 CImageProcessingEx 类的 histeq 函数完成对图像的直方图均衡化处理,在第 12 行至第 15 行对均衡化结果图像进行显示。

第十章　遥感图像增强算法实践

一、直方图匹配

关键字:空域处理、直方图、直方图匹配。

(一)算法描述

图像直方图描述图像中各灰度级出现的相对频率。基于直方图的匹配处理,是调整图像直方图到一个预定的形状。例如,一些图像由于它们的灰度分布集中在较窄的区间,对比度很弱,图像细节看不清楚。以图像灰度直方图均衡化为例,它的处理结果使得图像的灰度分布趋向均匀,图像所占有的像素灰度间距拉开,加大了图像反差,改善视觉效果,达到增强的目的。

本实验以直方图匹配算法为内容,将标准图像直方图作为参考直方图,对待处理图像直方图进行变换处理,使两幅图像的直方图相同和近似,从而使两幅图像具有类似的对比度。输入待匹配图像与参考图像,分别记作 F 与 R。

详细计算步骤如下:

步骤1:计算直方图

$$n_F(p_k) = \frac{n_k^F}{n^F}$$
$$n_R(q_m) = \frac{n_m^R}{n^R}$$
(10-1)

其中, p_k 为待匹配图像 F 的归一化灰度; n_k^F 为该图像 F 中灰度 k 的像素个数; n^F 为该图像 F 中像素总个数; q_m 为参考图像 R 的归一化灰度; n_m^R 为图像 R 中灰度 m 的像素个数; n^R 为该图像 R 中像素总个数。

步骤2:计算累积直方图

$$s_k^F = \sum_{j=0}^{K-1} n_F(p_k) = \sum_{j=0}^{K-1} \frac{n_j^F}{n^F}, \quad K = 0,1,\cdots,K-1$$
$$s_m^R = \sum_{j=0}^{M-1} n_R(q_m) = \sum_{j=0}^{M-1} \frac{n_j^R}{n^R}, \quad M = 0,1,\cdots,M-1$$
(10-2)

其中, s_k^F 为待匹配图像 F 的累积直方图; K 为该图像 F 的灰度级数; s_m^R 为参考图像 R 的累积直方图; M 为该图像 R 的灰度级数。

步骤3:计算基于累积灰度分布的变换函数,进行图像灰度变换

根据步骤2中计算得到的累积灰度分布,建立待匹配图像灰度 k 与匹配后图像灰度 k' 之间的变换映射关系。变换关系式:

$$k' = T(k) = \arg\min_m(|s_k^F - s_m^R|), 且满足 n_R(q_m) > 0$$
(10-3)

举一个简单的例子,如表 10-1 所示。假如参考图像与输入图像的灰度级数都为 8,即 $K=M=8$。计算该参考图像的直方图 $n_R(q_m)$ 及其累计直方图 S_m^R,以及该输入图像的直方图 $n_F(p_k)$ 及其累计直方图 s_k^F。最后,根据式(10-3)可计算输入图像中原始灰度值 k 经变换后的新灰度值 k'。比如在 $k=3$、$s_k^F=0.428$ 时,满足条件 $n_R(q_m)>0$ 且使得 $|0.428-s_m^R|$ 具有最小值的 m 值应为 1,因此 $k'=1$。

表 10-1　8 级灰度的直方图匹配($K=M=8$)

灰度值 k	像素个数统计	$n_F(p_k)$	s_k^F	$n_R(q_m)$	s_m^R	变换后灰度值 k'
0	87	0.174	0.174	0	0	1
1	44	0.088	0.262	0.4	0.4	1
2	43	0.086	0.348	0	0.4	1
3	40	0.08	0.428	0	0.4	1
4	34	0.068	0.496	0.2	0.6	1
5	29	0.058	0.554	0	0.6	4
6	31	0.062	0.616	0	0.6	4
7	192	0.384	1	0.4	1	7

(二)实验任务

将实验数据图像 quickbirdsub 作为待匹配图像,将实验数据图像 livingroom 作为参考图像,进行直方图匹配处理,计算得到 quickbirdsub 图像的直方图匹配结果。请编程实现图像直方图匹配增强处理。具体要求如下:

(1)读取输入的两幅图像,并在窗口中显示;
(2)创建输出图像;
(3)对输入图像进行直方图匹配处理,处理结果写入输出图像;
(4)在另一个窗口中显示输出图像。

(三)实验数据

图 10-1 是一幅待匹配的数字图像,文件名为 quickbirdsub.tif。
图 10-2 为参考图像,文件名为 livingroom.tif。

第十章　遥感图像增强算法实践

图 10-1　直方图匹配中待匹配的数字图像 quickbirdsub

图 10-2　直方图匹配中参考用的数字图像 livingroom

(四)思考题

说明直方图匹配与直方图均衡两种处理算法原理的区别,在什么情况下两种算法处理结果一致。

二、平滑处理

在遥感图像中噪声会大量存在。中、低分辨率的遥感图像噪声主要分布在地物的边缘；高分辨率遥感图像噪声主要分布在地物的内部。并且随着分辨率的增大，统一地物类别内部的光谱响应变异增大，使类别间的可分性降低。图像处理的去噪算法可有针对性地去除噪声。理想的去噪算法应不仅能有效地去除噪声，而且应保持图像的边缘信息。中值滤波是一种非线性图像平滑方法，在图像增强中广泛应用。双边滤波(bilateral filtering, BF)可有效进行边缘保持的影像平滑(或边缘保持的去噪)。

关键字：空域处理、平滑、去噪、边缘保持。

(一) 中值滤波

中值滤波是一种典型的非线性图像平滑方法，在图像增强中得到广泛应用，可以有效去除椒盐噪声。但它不具有边缘保持的特点，随着滤波窗口的增大，滤波后图像中的边缘会更加模糊。

1. 一维情况下的中值滤波

一维数据 $x_1, \cdots, x_n$ 按大小排序，$x'_1 < x'_2 < x'_n$，则

$$y = \mathrm{med}(x_1, \cdots, x_n) = \begin{cases} x'_{(n+1)/2}, & n \text{ 为奇数} \\ \dfrac{1}{2}\left[x'_{\frac{n}{2}} + x'_{\frac{n}{2}+1}\right], & n \text{ 为偶数} \end{cases} \tag{10-4}$$

例如：med(0　3　4　0　7)=3。

2. 二维情况下的中值滤波

将一维情况推广到二维情况下，中值滤波的计算公式如下：

$$\begin{aligned} g(x,y) &= \mathrm{med}\{f(x,y)\} \\ &= \mathrm{med}\{f(x+l, y+k), l, k \in A, x, y \in S\} \end{aligned} \tag{10-5}$$

其中，S 为整个图像；A 为滤波窗口。

(二) 双边滤波

设定 $I_g(x,y)$ 是一个在 $[0,1]$ 之间取值的灰度图像，$I_b(x,y)$ 是双边滤波后的 $I_g(x,y)$ 的灰度图像，则双边滤波可表示为

$$I_b(x,y) = \frac{\sum_{n=-N}^{N} \sum_{m=-N}^{N} W(x,y,n,m) I_g(x-n, y-m)}{\sum_{n=-N}^{N} \sum_{m=-N}^{N} W(x,y,n,m)} \tag{10-6}$$

权重 $W(x,y,n,m)$ 是由几何因子 $W_s(x,y,n,m)$ 与灰度因子 $W_r(x,y,n,m)$ 相乘计算得到的：

$$W(x,y,n,m) = W_s(x,y,n,m) \times W_r(x,y,n,m) \tag{10-7}$$

其中，

$$W_s(x,y,n,m) = e\left(-\frac{n^2 + m^2}{2\sigma_s^2}\right) \tag{10-8}$$

$$W_r(x,y,n,m)=e\left(-\frac{(I_g(x,y)-I_g(x-n,y-m))^2}{2\sigma_r^2}\right) \qquad (10-9)$$

双边过滤由3个参数控制:参数 N 为滤波器尺寸,大小记为 $2N+1$,参数 N 越大,过滤效果越平滑;参数 σ_s 和 σ_r 是控制过滤衰退的权重因子。本实验建议选择参数 $N=5, \sigma_s=3, \sigma_r=0.1$ 进行滤波操作实施,可另外对这些参数的取值进行调整以取得其他的处理结果。

(三)实验任务

对实验数据图像分别进行中值滤波与双边滤波,请编程实现之。处理的基本步骤如下:
(1)读取输入图像,并在窗口中显示;
(2)对输入图像分别进行中值滤波、双边滤波处理,保存并显示滤波处理后的影像。
实验具体要求如下:
(1)设置不同窗口大小进行中值滤波;
(2)设置不同参数进行双边滤波;
(3)比较两种滤波器的处理结果:双边滤波与中值滤波。

(四)实验数据

图 10-3 是一幅数字影像,文件名为 building.gif。

图 10-3 实验数据 building

(五)思考题

从边缘保持特性的角度,阐述问题的原因:为何双边滤波具有该特性,而中值滤波不具备该特性?(提示:可基于算法原理与实验进行阐述)

三、锐化处理

关键字:空域处理、锐化。

(一)算法描述

图像边缘是图像的基本特征之一,它包含对人类视觉和机器识别有价值的物体图像边缘信息。边缘是图像中特性(如像素灰度、纹理等)分布的不连续处,图像周围特性有阶跃变化或屋脊状变化的那些像素集合。图像边缘存在于目标与背景、目标与目标、基元与基元的边界,它标示出目标物体或基元的实际含量,是图像识别信息最集中的地方。锐化增强是要突出图像细节,抑制图像中的模糊信息,使图像更加清晰。

在本节中,我们将讨论二维二阶导数的实现及其在图像锐化中的应用。拉普拉斯算子是锐化增强中一种最常用且简单的二阶算子。

图像 $f(x,y)$ 拉普拉斯算子计算定义为

$$\nabla^2 f = \frac{\partial^2 f}{\partial x^2} + \frac{\partial^2 f}{\partial y^2} \tag{10-10}$$

对于离散图像,它的梯度定义为

$$\nabla^2 f = \Delta_x^2 f(x,y) + \Delta_y^2 f(x,y) \tag{10-11}$$

其中,

$$\Delta_x^2 f(x,y) = \Delta_x f(x+1,y) - \Delta_x f(x,y) = f(x+1,y) + f(x-1,y) - 2f(x,y)$$

$$\Delta_y^2 f(x,y) = \Delta_y f(x+1,y) - \Delta_y f(x,y) = f(x,y+1) + f(x,y-1) - 2f(x,y)$$

则

$$\nabla^2 f = f(x+1,y) + f(x-1,y) + f(x,y+1) + f(x,y-1) - 4f(x,y) \tag{10-12}$$

相当于原图像与模板 $\begin{bmatrix} 0 & 1 & 0 \\ 1 & -4 & 1 \\ 0 & 1 & 0 \end{bmatrix}$ 卷积。

拉普拉斯算子边缘的方向信息丢失,对孤立噪声点的响应是阶跃边缘的 4 倍,对单像素线条的响应是阶跃边缘的 2 倍,对线端和斜向边缘的响应大于垂直或水平边缘的响应。

拉普拉斯算子结果并不是最终的锐化增强结果,需要进行如下计算:

$$g(x,y) = f(x,y) - \nabla^2 f \tag{10-13}$$

其中,$g(x,y)$ 为锐化增强的结果图像。

(二)实验任务

将实验数据图像作为输入图像,根据拉普拉斯算子计算得到它的边缘增强结果。请编程实现该处理过程。具体要求如下:

(1)读取输入图像,并在窗口中显示;

(2)创建输出图像;

(3)对输入图像进行拉普拉斯增强处理,处理结果写入输出图像;

(4)在另一个窗口中显示输出图像。

(三)实验数据

图 10-4 是一幅数字图像,文件名为 building.gif。

图 10-4 实验数据 building

(四)思考题

拉普拉斯算子为高通滤波器,请推导说明原因。(提示:对拉普拉斯算子进行傅里叶变换,在频域中分析它的滤波能力)

四、二维离散傅里叶变换

关键字:频域处理、傅里叶变换。

(一)实验目的

掌握二维 DFT 变换及其物理意义,掌握基本的灰度变换方法。

(二)算法描述

(1)在 8 位灰度图中,像素值大小为 0~255。0 代表黑色,255 代表白色。

(2)二维 DFT 计算公式为:

$$F(u,v) = \frac{1}{MN}\sum_{x=0}^{M-1}\sum_{y=0}^{N-1} f(x,y) \times \exp[-j2\pi(ux/M+vy/N)] \quad (10-14)$$

(3)由于二维 DFT 是一种行列可分离的变换,它的结果也可以由在两个方向上先后做一维 DFT 得到。具体流程为：

对图像每一行（即某个 x 值），做一维 DFT，得到的结果保存为矩阵 $\overline{F}(x,v)$ 的一行。

$$\overline{F}(x,v) = \frac{1}{N}\sum_{y=0}^{N-1} f(x,y) \times \exp(-j2\pi vy/N) \tag{10-15}$$

对矩阵 $\overline{F}(x,v)$ 的每一列（即某个 v 值），做一维 DFT，得到的结果保存为矩阵 $F(u,v)$ 的一列。

$$F(u,v) = \frac{1}{M}\sum_{x=0}^{M-1} \overline{F}(x,v) \times \exp(-j2\pi ux/M) \tag{10-16}$$

（4）直接对图像 $f(x,y)$ 做傅里叶变换，结果的原点处于图像左下角。将傅里叶变换结果的原点移到矩阵中心位置可利用公式：

$$\zeta[f(x,y)(-1)^{(x+y)}] = F(u-M/2, v-N/2) \tag{10-17}$$

（5）傅里叶变换结果一般为复数，它的模（谱）大小反映了图像在不同频率上能量的分布。一般用 $|F(u,v)|$ 来显示和比较傅里叶变换的结果。

（6）当用 8 位灰度来显示图像时，将图像灰度级调整至 0~255 范围内可以充分利用屏幕的显示范围。这时可利用一个线性变换将图像最小值变换至 0，将图像最大值变换至 255，其余灰度值做相应平移和拉伸。它的变换函数为：

$$s = T(r) = [r - \min(r)]/[\max(r) - \min(r)] \times 255 \tag{10-18}$$

（7）对数变换也是一种常用的灰度转换函数。它的变换函数为：

$$s = T(r) = c\lg(r+1) \tag{10-19}$$

常数 c 用于调整 s 的动态范围，在本实验中为 0~255。

（8）从频谱图可以看出图像大致的方向性和灰度变化的快慢。

（9）逆傅里叶变换的计算，可通过正向傅里叶变换计算得到。

（三）实验任务

创建实验数据图像并作为傅里叶变换的输入图像，进行傅里叶变换及反变换的计算，请编程实现之。具体要求如下：

（1）创建测试图像并保存；
（2）读取测试图像，并在窗口中显示；
（3）创建输出图像；
（4）对输入图像进行二维 DFT（注意将频域原点调整至中心位置），将二维 DFT 结果写入输出图像；
（5）将傅里叶谱的取值范围调整为 0~255 并显示；
（6）将傅里叶谱进行对数变换后再进行显示；
（7）对二维 DFT 结果进行离散傅里叶反变换；
（8）计算离散傅里叶反变换结果与测试图像之间的误差。

（四）实验数据

图 10-5 为一幅需创建的测试图像，大小为 512×512 像素的 8 位灰度图，背景为黑色，中心有一个宽 20 像素、高 40 像素的白色矩形。

图 10-5 测试图像

(五)思考题

解释:①对数变换能使频谱显示效果更好的原因;②空域图像与频谱图的对应关系。

五、高通滤波处理

关键字:频域处理、频域滤波、高通滤波。

(一)实验目的

掌握影像在频域的高通滤波处理。

(二)基本原理

图像空间域的线性邻域卷积实际上是图像经过滤波器对信号频率成分的滤波,这种功能也可以在变换域实现,即:把原始图像进行正变换,设计一个滤波器,用点操作的方法加工频谱数据(变换系数),然后进行反变换,即完成处理工作。图像增强的频域处理工作流程如图 10-6 所示。

这里关键在于设计频域(变换域)滤波器的传递函数 $H(u,v)$。理想滤波器传递函数在通带内所有频率分量完全无损地通过,而在阻带内所有频率分量完全衰减。理想滤波器有陡峭频率的截止特性,但会产生振铃现象使图像变得模糊。Butterworth 滤波是一种非线性滤波,通带和阻带之间没有明显的不连续性。高斯滤波是另一种常用的非线性滤波,相对 Butterworth 函数变化更加平缓。

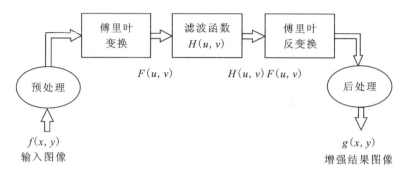

图 10-6　图像增强的频域处理工作流程

(三)实验任务

对实验数据图像进行高通频域滤波器的处理,得到高通滤波结果,请编程实现之。具体要求如下:

(1)读取输入图像,并在窗口中显示;
(2)对输入图像进行傅里叶变换,依次计算 DFT、谱、角谱、能量谱并显示结果;
(3)创建输出图像;
(4)对输入图像分别进行理想高通滤波处理、butterworth 高通滤波处理、高斯高通滤波处理,处理结果写入输出图像;
(5)在另一个窗口中显示输出图像。

(四)实验数据

图 10-7 是一幅数字图像,文件名为 building.gif。

图 10-7　实验数据 building

(五)思考题

解释振铃现象在不同滤波器(理想高通滤波器、butterworth 高通滤波器与高斯高通滤波器)中的表现及原因。

六、图像条带去除

关键字：频域处理、条带、周期噪声。

(一)实验目的

掌握遥感影像周期噪声的去除方法。

(二)基本原理

TM 影像某些通道会出现一些条带状的周期光谱信号，可称为周期噪声。这些周期噪声在频域中主要表现为：①通过频域原点、呈现直线状且谱值较高；②若干平行于主区域的子区域，且谱值较高。

TM 影像条带噪声的去除方法的大致思路是：①傅里叶变换；②频域中采用 wedge 模板进行滤波处理；③傅里叶反变换。

Wedge 模板参见 ERDAS Imagine 8.7 系统帮助文档 Tour Guides 的第十章(Fourier Transform Editor)。

(三)实验数据

图 10-8 是一幅数字图像，文件名为 TM_1.img。

图 10-8　实验数据 TM_1

(四)实验任务

对实验数据图像进行去条带处理,得到去除条带后的结果,请编程实现之。具体要求如下:

(1)读取输入图像,并在窗口中显示;

(2)对输入图像进行傅里叶变换,依次计算 DFT、谱、角谱、能量谱并显示结果;

(3)创建输出图像;

(4)对输入图像进行去条带处理[选择 wedge 模板为理想函数,即在 wedge 模板内 $F(u,v)$ 全部为 0,而在 wedge 模板外 $F(u,v)$ 保持不变],将处理结果写入输出图像;

(5)在另一个窗口中显示输出图像。

第十一章　遥感图像特征提取与分类算法实践

一、RGB‑IHS 变换

关键字：光谱特征、色彩空间。

(一)实验目的

理解色彩空间模型，掌握基本的色彩空间变换方法。

(二)基本原理

IHS 是在彩色空间中用亮度(intensity)、色调(hue)和饱和度(saturation)来表示的色彩模式。IHS 变换包含从其他色彩模式到 IHS 模式的正向变换及反向变换方法。在自动处理彩色时，通常采用彩色显示器显示系统进行，彩色显示器显示的彩色是由 R(红)、G(绿)、B(蓝)信号的亮度来确定的，由于 RGB 表色系统不是线性的，所以通过这种操作调整显示色的色调比较困难。在这种情况下，可采用将 RGB 信号暂时变换为假设的表色系统 IHS，调整亮度、饱和度、色调其中之一或其二、其三，再返回到 RGB 信号上进行彩色合成。把这种 RGB 空间和 IHS 空间之间的关系模型及所进行的相互变换的处理过程称 RGB‑IHS 变换。

RGB‑IHS 正变换，即 RGB 色彩空间到 IHS 色彩空间的变换，公式为

$$I = \frac{1}{3}(R+G+B) \tag{11-1}$$

$$S = 1 - \frac{3}{R+G+B}[\min(R,G,B)] \tag{11-2}$$

$$H = \begin{cases} \theta & \text{if } B \leqslant G \\ 360° - \theta & \text{if } B > G \end{cases}, \text{其中 } \theta = \cos^{-1}\left\{\frac{\frac{1}{2}[(R-G)+(R-B)]}{[(R-G)^2+(R-B)(G-B)]^{\frac{1}{2}}}\right\} \tag{11-3}$$

RGB‑HIS 反变换，即 IHS 色彩空间到 RGB 色彩空间的变换，公式为

(1)若 $0 \leqslant H < 120°$：

$$R = I\left[1+\frac{S\cos H}{\cos(60°-H)}\right], G = 3I-(R+B), B = I(1-S) \tag{11-4}$$

(2)若 $120° \leqslant H < 240°$：

$$R = I(1-S), G = I\left[1+\frac{S\cos(H-120°)}{\cos(180°-H)}\right], B = 3I-(R+G) \tag{11-5}$$

(3)若 $240° \leqslant H \leqslant 360°$：

$$R = 3I-(G+B), G = I(1-S), B = I\left[1+\frac{S\cos(H-240°)}{\cos(300°-H)}\right] \tag{11-6}$$

(三)实验数据

图 11-1 是一幅数字图像,文件名为 color.jpg。

图 11-1　实验数据:彩色图像 color

(四)实验任务

对实验数据图像进行色彩空间变换处理,请编程实现之。具体要求如下:
(1)读取输入图像,并在窗口中显示;
(2)对图像进行 RGB-IHS 正变换,分别对亮度、饱和度、色调进行线性拉伸显示;
(3)对正变换结果进行 RGB-IHS 反变换,将处理结果写入输出图像;
(4)在另一个窗口中显示输出图像;
(5)计算 RGB-IHS 反变换结果与输入实验图像之间的误差。

(五)思考题

说明 RGB 空间与 IHS 空间的色彩对应关系。

二、主成分变换

关键字:特征提取、降维、光谱特征、主成分分析。

(一)实验目的

(1)了解并掌握主成分变换方法原理及计算过程。
(2)进一步理解主成分变换处理的作用及关键参数。

(二)基本原理

主成分变换也称主成分分析、主分量分析,旨在利用降维的思想,把多指标转化为少数几个综合指标。在实证问题研究中,为了全面系统地分析问题,必须考虑众多影响因素。这些涉及的因素一般称为指标,在多元统计分析中也称为变量。因为每个变量都在不同程度上反映了所研究问题的某些信息,并且指标之间彼此有一定的相关性,因而所得的统计数据反映的信息在一定程度上有重叠。在实际中研究多变量问题时,变量太多会增加计算量和分析问题的复杂性。因此希望在进行定量分析的过程中,涉及的变量较少,得到的信息量较多。主成分变换正是解决这类问题的理想工具之一。

对待处理的遥感图像在光谱空间进行主成分变换步骤如下。

步骤 1:构建影像数据矩阵 $\boldsymbol{X}$。

$$\boldsymbol{X} = \begin{bmatrix} x_{11} & x_{12} & \cdots & x_{1n} \\ x_{21} & x_{22} & \cdots & x_{2n} \\ \cdots & \cdots & \cdots & \cdots \\ x_{m1} & x_{m2} & \cdots & x_{mn} \end{bmatrix} = [x_{ik}]_{m \times n} \tag{11-7}$$

其中,m 为波段数(或称变量数);n 为总像元数。该矩阵中第 i 行向量对应遥感图像的第 i 个波段数据($1 \leqslant i \leqslant m$),为将该波段所有行数据的各相邻两行首尾依次连接所得。

步骤 2:计算协方差矩阵 $\boldsymbol{S}$。

$$\boldsymbol{S} = \frac{1}{n}[\boldsymbol{X} - \overline{\boldsymbol{X}}][\boldsymbol{X} - \overline{\boldsymbol{X}}]^T = [s_{ij}]_{m \times n} \tag{11-8}$$

其中,$s_{ij} = \frac{1}{n}\sum_{k=1}^{n}(x_{ik} - \overline{x}_i)(x_{jk} - \overline{x}_j)$,$\overline{x}_i = \frac{1}{n}\sum_{k=1}^{n} x_{ik}$、$\overline{x}_i$ 分别为第 i、j 波段的均值。

步骤 3:计算协方差矩阵 $\boldsymbol{S}$ 的特征分解,得到它所有的特征值 λ_i 及其对应的特征向量 $\boldsymbol{v}_i$(均为 $m \times 1$ 的列向量,$i = 1, 2, \cdots, m$)。

步骤 4:计算变换矩阵 $\boldsymbol{T}$。①将所有特征值进行排序,排序后特征值依次记为 $\lambda_1 \geqslant \lambda_2 \geqslant \cdots \lambda_m$,特征值 λ_i 对应的特征向量(经归一化)记为 $\boldsymbol{u}_i = [u_{1i}, u_{2i}, \cdots, u_{mi}]^T$,$i = 1, 2, \cdots, m$;②以所有特征向量为列,构建矩阵 $\boldsymbol{U}$,即 $\boldsymbol{U} = [\boldsymbol{u}_1, \boldsymbol{u}_2, \cdots, \boldsymbol{u}_m] = [u_{ij}]_{m \times m}$;③求矩阵 $\boldsymbol{U}$ 的转置矩阵,即为主成分变换的正变换矩阵 $\boldsymbol{T} = \boldsymbol{U}^T$。

步骤 5:计算所有主分量,即对影像数据矩阵 $\boldsymbol{X}$ 进行正向的主成分变换。计算如下。

利用上一步骤中计算的主成分正变换矩阵 $\boldsymbol{T}$,计算主分量矩阵 $\boldsymbol{Y}$ 如下:

$$\boldsymbol{Y} = \boldsymbol{T}_{m \times m}\boldsymbol{X}_{m \times n} = \begin{bmatrix} u_{11} & u_{21} & \cdots & u_{m1} \\ u_{12} & u_{22} & \cdots & u_{m2} \\ \cdots & \cdots & \cdots & \cdots \\ u_{1m} & u_{2m} & \cdots & u_{mm} \end{bmatrix} \boldsymbol{X} = [y_{ij}]_{m \times n} \tag{11-9}$$

其中,矩阵 $\boldsymbol{Y}$ 的第 i 个行向量 $\boldsymbol{y}_i = [y_{i1}, y_{i2}, \cdots, y_{in}]_{1 \times n}$ 即为第 i 主分量。分析上式,可将第 i 主分量看作是通过将影像数据矩阵 $\boldsymbol{X}$ 在第 i 个特征向量 $\boldsymbol{v}_i$ 上投影后得到。通过主成分变换之后,共可得到一组(共 m 个)主分量(每个主分量有 n 个取值,即每个主分量对应矩阵 $\boldsymbol{Y}$ 的某个行向量)。这些主分量依次对应于各特征向量 $\boldsymbol{v}_1$、$\boldsymbol{v}_2$、$\cdots$、$\boldsymbol{v}_m$(对应的特征值从大到小)投影后计算得到,因此分别被称为第 1 主分量、第 2 主分量、$\cdots$、第 m 主分量。

步骤 6：利用前 p 个主分量重构遥感影像数据矩阵 $\hat{X}$，该矩阵为原始遥感影像数据矩阵 X 的估计。具体计算如下。

对部分主分量矩阵 Y_p（由主分量矩阵 Y 的前 p 个行向量构成，大小为 $p \times n$）进行反向的主成分变换，如下式：

$$\hat{X}_{m \times n} = T_p Y_p = U_p^T Y_p = \sum_{i=1}^{p} u_i y_i \tag{11-10}$$

其中，T_p 为反变换矩阵（由正变换矩阵 T 的前 p 个列向量构成，其大小为 $m \times p$）。

步骤 7：利用上一个步骤中得到的遥感影像数据矩阵 $\hat{X}$ 构建新的遥感影像（波段数、行数、列数与原始遥感影像相同）。矩阵 $\hat{X}$ 的第 i 个行向量对应新影像的第 i 波段。将该行向量按照原始遥感影像列数进行拆分，拆分的子行向量依次作为新影像的像素行。

以上 7 个步骤即为对遥感图像进行光谱空间的主成分变换，包括主成分正变换及反变换。主成分正变换对应步骤 1～步骤 5，主成分反变换对应步骤 6～步骤 7。

附加说明：①将矩阵 Y 的各行向量可逆向构建为影像，依次可得到 m 个主成分影像。②为保持新影像与原始影像差异较小，主成分反变换中最小 p 值的确定方法如下：定义方差贡献率 $\varphi(p) = \dfrac{\sum_{i=1}^{p} \lambda_i}{\sum_{i=1}^{m} \lambda_i}$，一般应取使得 $\varphi(p) > 0.85$ 成立的 p 值。

(三)实验数据

图 11-2 是一幅多光谱遥感图像，文件名为 lanier.img。

图 11-2　多光谱遥感图像 lanier.img 的彩色合成图像

(四)实验任务

对实验数据图像进行主成分变换,请编程实现之。具体要求如下:
(1)读取输入图像,并在窗口中显示;
(2)对输入图像进行主成分变换,保存并显示主成分影像;
(3)在某个 p 值下,对输入图像依次进行主成分变换及反变换,保存并显示重建后的遥感影像;
(4)在不同 p 值之下,计算重建后的遥感影像与原始遥感影像之间的误差。

(五)思考题

说明随着 p 值大小改变,重建新影像与原始影像之间误差的变化情况。

三、k-均值

关键字:非监督分类、聚类、k-均值聚类。

(一)实验目的

(1)了解并掌握 k-均值非监督分类的方法原理及计算过程。
(2)利用 k-均值完成遥感影像的非监督分类。

(二)基本原理

一幅遥感图像可看作一个包含所有像素的集合,它的元素为像素对象。给定一个包含遥感图像所有像素对象的集合,所谓聚类就是把这些像素划分为多个组或者"聚簇",从而使得同组内像素间比较相似而不同组像素间差异比较大。聚类算法中不使用像素对象的类别标签信息,因此聚类通常归于无监督分类任务。

k-均值算法是一种简单的迭代型聚类算法,它将一个给定的数据集分为用户指定的 k 个聚簇。实现和运行该算法比较简单,它的计算速度也比较快,同时又易于修改,所以在实际中使用非常广泛,是遥感图像分类的经典算法之一。

如表 11-1 所示,k-均值算法输入数据包括待分类遥感图像、聚类类别数以及迭代终止条件(最大迭代次数、变化比例阈值)。输出数据包括分类结果图像、聚簇代表像素集合。一般情况下,最大迭代次数设置为 10 以上,变化比例阈值设置为 5%。

表 11-1 k-均值算法

输入:遥感图像 $X_{n \times m}$(n 为像素总个数,m 为波段数)、聚簇数 k、最大迭代次数 M、变化比例阈值 T
输出:分类图像 $Y_{n \times 1}$,聚簇代表像素矩阵 $C_{k \times m}$
/* 步骤 1:初始化聚簇代表像素矩阵 $C_{k \times m}^0$ */ ①从遥感图像 $X_{n \times m}$ 中随机选取 k 个像素,其中第 i 个像素对应的 $X_{n \times m}$ 某一行向量,记为 x^i: $$x^i = [x_1^i, x_2^i, \cdots, x_m^i] \tag{11-11}$$

续表 11 - 1

② 使用这 k 个像素构成初始聚簇代表像素矩阵，记为 $C_{k \times m}$：

$$C_{k \times m}^0 = [x^1, x^2, \cdots, x^k]^T \tag{11-12}$$

/* 步骤 2：逐行逐列对图像所有像素进行初始标记，得到初始分类图 $Y_{n \times 1}^0$ */

逐行逐列扫描遥感图像 $X_{n \times m}$ 所有像素。

① 在每一扫描处，计算当前像素 $x_i (i = 1, 2, \cdots, n)$ 与随机选取的 k 个像素 x^j 的距离 d_{ij}：

$$d_{ij} = \| x_i - x^j \|_2^2 ，其中：j = 1, 2, \cdots, k \tag{11-13}$$

② 将当前像素 x_i 标记为 y_i：

$$y_i = \arg\min_i (d_{ij})，其中：y_i \in [1, k] \tag{11-14}$$

逐行逐列扫描结束后，得到初始分类图像 $Y_{n \times 1}^0 = [y_1, y_2, \cdots, y_n]^T$。

/* 步骤 3：更新聚簇代表像素矩阵，得到新矩阵为 $C_{k \times m}^t$ */

① 根据遥感图像 $X_{n \times m}$ 及其分类图像 $Y_{n \times 1}^{t-1}$，统计图像中标签为 y_i 的所有像素的均值向量 $\overline{x_i}$：

$$\overline{x_i} = \frac{1}{n} \sum x_j，其中：\text{label}(x_j) = y_i, i = 1, 2, \cdots, k \tag{11-15}$$

② 更新聚簇代表像素矩阵，将聚簇代表像素矩阵中第 i 个行向量更新为均值向量 $\overline{x_i}(i = 1, 2, \cdots, k)$，构成新的聚簇代表像素矩阵 $C_{k \times m}$。

/* 步骤 4：逐行逐列对图像所有像素进行再次标记，得到更新后的分类图像 $Y_{n \times 1}^t$ */

逐行逐列扫描遥感图像 $X_{n \times m}$ 所有像素。

① 根据聚簇代表像素矩阵更新为 $C_{k \times m}^t$，在每一扫描处计算当前像素 $x_i (i = 1, 2, \cdots, n)$ 与聚簇中某代表像素 x^j 的距离 d_{ij}：

$$d_{ij} = \| x_i - x^j \|_2^2，其中：j = 1, 2, \cdots, k \tag{11-16}$$

② 将当前像素 x_i 标记为 y_i：

$$y_i = \arg\min_i (d_{ij})，其中：y_i \in [1, k] \tag{11-17}$$

逐行逐列扫描结束后，得到更新的分类图像，记为 $Y_{n \times 1}^t = [y_1, y_2, \cdots, y_n]^T$。

/* 步骤 5：根据迭代终止条件是否满足，以进行后续的计算 */

若以下任一条件满足，则迭代终止，将当前 $Y_{n \times 1}^t$ 作为最终分类图像 $Y_{n \times 1}$，将当前 $C_{k \times m}^t$ 作为最终的聚簇代表像素矩阵 $C_{k \times m}$。若以下任一条件均不满足，则重复完成以上的步骤 3、步骤 4，分别得到新的聚簇代表像素矩阵与新的分类图像。迭代终止条件如下：

☆ 将 $Y_{n \times 1}^t$ 与 $Y_{n \times 1}^{t-1}$ 进行比较，计算第 i 类变化像素个数与第 i 类像素总个数的比例。对于所有类，该比例值均小于设定的变化比例阈值 T。

☆ 已进行的迭代次数大于设定的迭代最大数 M。

(三)实验任务

对实验数据图像进行 k-均值聚类。具体要求如下:
(1)读取输入图像,并在窗口中显示;
(2)编写 k-均值聚类算法函数,对输入图像进行 k-均值聚类计算,保存并显示 k-均值聚类结果分类图;
(3)讨论聚簇数 k、最大迭代次数 M、变化比例阈值 T 分别取不同值的情况下,k-均值聚类所需的计算时间。

(四)实验数据

图 11-3 是一幅高光谱遥感图像,文件名为 indian_pines_corrected。

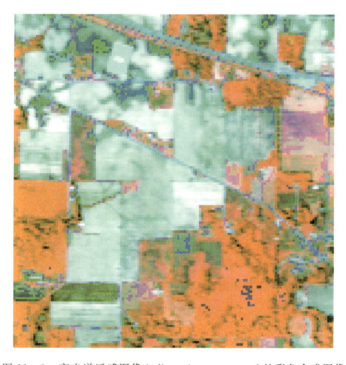

图 11-3　高光谱遥感图像 indian_pines_corrected 的彩色合成图像

(五)思考题

(1)相同输入数据下,造成 k-均值算法分类结果存在差异的原因是什么?
(2)如何提高 k-均值算法聚类分类结果的质量?

四、k-最近邻

关键字:监督分类、k-最近邻分类。

(一)实验目的

(1)了解并掌握 k-最近邻监督分类的方法原理及计算过程。
(2)利用 k-最近邻方法完成遥感影像监督分类。

(二)基本原理

k-最近邻方法是一种基于实例的学习方法。它的基本思路是:从训练集中找出 k 个最接近测试样本的训练样本,再从这 k 个训练样本中找出居于主导的类别,将其作为测试样本的类别。k-最近邻方法需要考虑几个主要问题:①用以决策一个测试样本类别的训练样本;②用来计算样本间相似程度的距离或其他相似性指标;③最近邻的个数 k;④基于 k 个最近邻及其类别来判定测试样本类别的方法,一般是从邻近的训练样本中选择占多数的那个类别。k-最近邻方法很容易理解和实现,在许多情况下表现都非常良好。该方法也是遥感图像分类的经典方法之一。

如表 11-2 所示,k-最近邻算法输入数据包括待分类遥感图像、训练样本特征矩阵、训练样本类别矩阵、类别标签矩阵以及最近邻样本个数。输出数据为分类结果图像。

表 11-2 k-最近邻分类算法

输入:遥感图像 $X_{n\times m}$、训练样本特征矩阵 $D_{t\times m}$、训练样本类别矩阵 $C_{t\times 1}$、类别标签矩阵 $L_{c\times 1}$、最近邻样本个数 k(其中:n 为像素总个数;m 为波段数;t 为训练样本总个数;c 为类别标签总个数) 输出:分类图像 $Y_{n\times 1}$
逐行逐列扫描遥感图像 $X_{n\times m}$ 中所有的像素。在每一扫描处,重复以下步骤1~步骤3。 /* 步骤1:计算当前像素与所有训练样本的距离 */ 计算当前像素 $x_i(i=1,2,\cdots,n)$ 与训练样本矩阵 $D_{t\times m}$ 中第 j 个像素 x^j(x^j 为 $D_{t\times m}$ 矩阵的第 j 个行向量)的距离 d_{ij}: $$d_{ij} = \parallel x_i - x^j \parallel_2^2, \text{其中}:j=1,2,\cdots,k \qquad (11-18)$$ /* 步骤2:找出与当前像素距离最小的 k 个训练样本 */ 对所有距离 d_{ij} 从小到大排序,找出排序后第 1 个至第 k 个距离值对应的训练样本,将这些样本的类别标签矩阵记为 N_i(矩阵大小为 $k\times 1$) /* 步骤3:将当前像素标记为 k 个训练样本中找出居于主导的类别 */ 将当前像素 x_i 类别标记为 y_i: $$y_i = \arg\max_{v\in L}\left[\sum_{y\in N_i} I(v == y)\right], \text{其中}: y_i \in [1,k] \qquad (11-19)$$ 当逐行逐列扫描结束后,得到最终的分类图像 $Y_{n\times 1}$

(三)实验任务

对实验数据图像进行 k-最近邻聚类。具体要求如下:
(1)读取输入图像,并在窗口中显示;
(2)读取地面真实图像,并在窗口中显示;
(3)根据地面真实图像,随机生成训练样本数据、测试样本数据;
(4)编写 k-最近邻分类算法函数,对输入图像进行 k-最近邻分类,保存并显示分类结果图像;
(5)编写分类评价指标计算函数,对 k-最近邻分类结果进行评价;
(6)讨论最近邻样本个数 k 分别取不同值的情况下,k-最近邻分类的精度变化;
(7)讨论 k-最近邻分类的精度随着训练样本个数 t 变化的情况。

(四)实验数据

图 11-4 是一幅高光谱遥感图像及其对应的地面真实图像,文件名分别为 paviaU 和 paviaU_gt。

(a)　　　　　(b)

图 11-4　实验数据
(a)高光谱影像 paviaU;(b)地面真实图像 paviaU_gt

主要参考文献

陈晓玲,赵红梅,黄家柱,等.遥感原理与应用实验教程[M].北京:科学出版社,2013.

邓书斌,陈秋锦,杜会建,等.ENVI遥感图像处理方法[M].2版.北京:高等教育出版社,2014.

孔祥生,钱永刚,李国庆,等.遥感技术与应用实验教程[M].北京:科学出版社,2017.

潘竞虎.遥感数字图像处理基础实验教程[M].北京:环境科学出版社,2019.

汪金花,李孟倩,郭力娜,等.遥感技术与应用实验和实习教程[M].北京:测绘出版社,2019.

韦玉春,秦福莹,程春梅.遥感数字图像处理实验教程[M].2版.北京:科学出版社,2018.

杨淑莹,张桦,陈胜勇.数字图像处理(Visual Studio C++技术实现)[M].北京:科学出版社,2017.

赵银娣.遥感数字图像处理教程:IDL编程实现[M].北京:测绘出版社,2015.

朱文泉,林文鹏.遥感数字图像处理——原理与方法[M].北京:高等教育出版社,2015.

HAN J W 等.数据挖掘:概念与技术[M].3版.范明等,译.北京:机械工业出版社,2012.